IoT Básico: Uma introdução à Internet das Coisas

Autor: Rodrigo B. Bueno

IoT Básico: Uma introdução à Internet das Coisas

Este guia prático foi criado especialmente para iniciantes que desejam mergulhar no universo da Internet das Coisas (IoT). Desde os conceitos fundamentais de eletrônica até os protocolos de comunicação e as redes que conectam dispositivos, você encontrará aqui uma abordagem clara e acessível para compreender essa tecnologia que está transformando o mundo.

Ao longo do livro, você vai aprender a projetar e implementar soluções simples, mas eficazes, capazes de monitorar e controlar dispositivos em tempo real, abrindo caminho para a criação de ambientes inteligentes, mais eficientes e conectados.

Prepare-se para explorar os pilares da IoT e dar os primeiros passos rumo a um futuro onde objetos, dados e decisões trabalham juntos para melhorar nosso dia a dia.

Prezado leitor,

É com grande satisfação que apresentamos o livro "IoT Básico: Uma introdução à Internet das Coisas".

A Internet das Coisas (IoT) é uma área de grande interesse e crescimento nos dias de hoje, e este livro tem como objetivo proporcionar aos leitores uma visão geral do que é a IoT e como ela pode ser aplicada em diferentes setores.

Este livro foi escrito para atender às necessidades de estudantes, profissionais de TI e curiosos que desejam se aprofundar no tema da IoT.

O livro apresenta conceitos básicos, tecnologias e protocolos fundamentais da IoT, além de exemplos práticos de aplicação em diversos cenários.

A IoT tem o potencial de transformar a forma como vivemos e trabalhamos, e os avanços tecnológicos nessa área são cada vez mais rápidos.

Por isso, é importante que os leitores se mantenham atualizados e preparados para enfrentar os desafios da IoT no futuro.

Este livro foi escrito por um profissional experiente na área de IoT, com o objetivo de compartilhar seu conhecimento e experiência com os leitores.

Esperamos que este livro seja útil e inspire os leitores a explorar ainda mais as possibilidades da IoT.

Boa leitura!

Rodrigo B. Bueno

Sumário

Introdução à IoT

O que é IoT e como funciona?

IoT (Internet das Coisas, em português) é um conceito que se refere à conexão de objetos e dispositivos com a Internet, permitindo que eles se comuniquem entre si e com outras redes de forma autônoma.

Os dispositivos IoT geralmente contêm sensores, processadores e conectividade com a Internet, permitindo que eles coletem dados e os transmitam a outros dispositivos e sistemas para análise e tomada de decisões.

Os dados coletados pelos dispositivos IoT podem ser usados para monitorar e controlar sistemas em tempo real, automatizar processos e fornecer insights valiosos para tomadores de decisão.

Por exemplo, dispositivos IoT podem ser usados para monitorar a temperatura de um ambiente, a pressão arterial de um paciente, a atividade de uma linha de produção em uma fábrica, entre outras aplicações.

Para que isso funcione, os dispositivos IoT precisam estar conectados à Internet por meio de uma rede sem fio, como Wi-Fi, Bluetooth ou celular. Essa conexão permite que os dispositivos se comuniquem entre si e com outros sistemas para enviar e receber dados em tempo real. Além disso, as informações coletadas pelos dispositivos IoT podem ser armazenadas em nuvens para análise e acesso posterior.

A IoT tem o potencial de transformar diversos setores da economia e da sociedade, permitindo o desenvolvimento de novos serviços e soluções que podem melhorar a qualidade de vida das pessoas e aumentar a eficiência e a sustentabilidade de processos industriais, agrícolas, logísticos, entre outros. No entanto, também apresenta desafios em relação à segurança e à privacidade dos dados, que precisam ser endereçados para garantir a confiança e a confiabilidade do sistema como um todo.

IoT é poderosa!

O fato é que a IoT está em toda parte, e mesmo que nem sempre estejamos conscientes disso o tempo todo, ela está lá e é útil, geralmente muito útil. Portanto, não apenas está em todos os lugares, mas também está interconectada. Isso lhe dá acesso a todas essas capacidades, todas essas características das coisas que estão na rede, e lhe dá acesso a elas o tempo todo. É uma conexão constante. Portanto, há muitas habilidades nisso, o que a torna muito poderosa.

Primeiramente, grande parte do que você pode pensar como dispositivos IoT, você pode vê-los como uma interface para a Nuvem.

Nuvem, quero dizer servidores de computação poderosos que são acessados através da Internet.

E esses servidores de computação podem fazer uma variedade de coisas para você. E podemos ver que dispositivos pequenos, dispositivos IoT, são basicamente uma janela para esses servidores na Nuvem.

Pegue a Siri, por exemplo, é um exemplo do que estamos falando aqui. Você pode ver isso como uma janela para os servidores na Nuvem que têm bancos de dados gigantescos de informações. Você pode fazer uma pergunta para a Siri, ela vai procurar a resposta dentro de algum banco de dados massivo na nuvem e lhe dará a resposta de volta. Realmente seu dispositivo IoT, nesse sentido, é apenas uma janela para algum recurso computacional massivo. Portanto, nem tudo acontece em seu dispositivo IoT. Então, se estamos falando especificamente sobre a Siri, seu telefone tem que fazer alguma computação, conversão de fala em texto. Ele tem que descobrir o que você está dizendo. Mas a consulta real que você faz, na verdade não é processada diretamente no telefone. Essa coisa é enviada para a Nuvem, e a Nuvem a processa, lhe dá o resultado e a Siri recita de volta para você.

Você pode ver que esses dispositivos IoT realmente lhe dão acesso a um conjunto muito maior de servidores que estão disponíveis na Nuvem, se você quiser. Por exemplo, assistir filmes, digamos Netflix, os filmes não estão lá no seu telefone ou em qualquer que seja o dispositivo.

O telefone, ou qualquer que seja o dispositivo IoT, na verdade é apenas um canal para assistir ao filme. Você está realmente indo para alguns servidores grandes, servidores Netflix. Você está transmitindo o filme diretamente desses servidores. Portanto, seu dispositivo é de alguma forma apenas um canal para algo muito mais poderoso do que seu dispositivo IoT real.

Existem muitos dispositivos IoT que atuam dessa maneira, que são apenas pontos de acesso para algo muito maior na Nuvem, isso basicamente alavanca os recursos de rede desses dispositivos IoT. Então, basicamente, como eu estava dizendo, você pode acessar esses grandes bancos de dados, grandes serviços computacionais para obter, qualquer tipo de acesso aos dados que você deseja obter, e para realizar coisas que você deseja realizar, operações de formatação que você precisa executar remotamente.

A IoT também é pervasiva. Uma vez que a rede é pervasiva, a IoT é pervasiva, o que significa que está em toda parte. Está incorporada em dispositivos e você não está necessariamente ciente disso, mas eles estão por toda parte e se você apenas olhar ao redor da sala em que está, provavelmente verá esses dispositivos.

Se você olhar para sua casa, pensar dentro de sua casa, quantos computadores você tem dentro de sua casa, computadores tradicionais, laptop, desktop. Eu provavelmente tenho quatro ou cinco laptops, desktops em minha casa. Mas se eu pensar em quantos dispositivos IoT tenho. Eu apenas vejo meu DVR, minha geladeira, meu micro-ondas, minha TV, meu game, certo?

Então eu tenho meu relógio, meus telefones, e os telefones dos meus filhos. Há tantos dispositivos IoT por toda parte.

Sistemas de automação residencial, eu não tenho um sistema de automação residencial, mas esse é um uso comum. Sistemas de automação residencial que estão conectados à rede, você provavelmente viu comerciais sobre esse tipo de coisa. Você pode ir para o seu celular e desligar as luzes em casa do seu celular

No trabalho, os sensores de movimento em cada sala. Para iluminação, para economizar energia nas luzes, as luzes se apagam se não houver movimento na sala. Então eles têm sensores de movimento em cada sala, em cada corredor, verificando se algo está se movendo e se precisam manter as luzes apagadas ou acesas. E você provavelmente esteve em lugares assim.

Também etiquetas RFID. Eu preciso de uma etiqueta RFID para entrar no meu prédio. Eu passo pela máquina e ela me deixa entrar.

Também há até mesmo telefones fixos hoje em dia que são dispositivos de Internet das Coisas, porque esses são telefones VoIP (Voice over IP). Ele envia dados pela Internet diretamente. Nem mesmo usa o sistema telefônico regular. Vai direto para a Internet, certo. Portanto, telefones, tudo, muitos dispositivos diferentes são dispositivos IoT, mesmo no trabalho.

Veja que IoT está em todo lugar. Desde dispositivos domésticos até sistemas de automação industrial, a IoT está enraizada em praticamente todas as esferas da sociedade moderna, fornecendo benefícios e serviços que muitas vezes passam despercebidos. Ao compreender melhor essa interconectividade, podemos apreciar como a tecnologia IoT está transformando nossa maneira de interagir com o mundo ao nosso redor, moldando o presente e o futuro da nossa sociedade digital.

História e evolução da IoT

A história da IoT pode ser rastreada até os anos 80, quando dispositivos como caixas eletrônicos e máquinas de venda automática começaram a se conectar à

Internet. No entanto, foi somente na década de 90 que o termo "Internet das Coisas" foi cunhado por Kevin Ashton, cofundador do Auto-ID Center do MIT.

Desde então, a IoT tem evoluído rapidamente, impulsionada pelo desenvolvimento de tecnologias como sensores de baixo custo, redes sem fio, microprocessadores, nuvem e análise de dados.

Nos anos 2000, a IoT começou a se expandir para além de aplicações industriais e comerciais, com o surgimento de dispositivos de consumo conectados, como smartphones, smart TVs e smart homes. A crescente demanda por dispositivos conectados levou a um aumento no número de empresas que se concentram em IoT.

A IoT começou a ganhar mais visibilidade com o lançamento de produtos como o RFID (Radio Frequency Identification), que permitia a identificação e rastreamento de objetos em tempo real, e o GPS (Global Positioning System), que permitia a localização de pessoas e veículos em qualquer parte do mundo.

Na década de 2010, a IoT começou a ser usada em áreas como saúde, agricultura, transporte e energia, e surgiram novas tecnologias como a 5G, que permite a conexão de dispositivos em grande escala e de forma mais rápida e confiável.

A IoT é uma indústria em rápido crescimento, com milhões de dispositivos conectados em todo o mundo e um grande potencial para impactar a forma como vivemos e trabalhamos. Acredita-se que, nos próximos anos, a IoT continuará a evoluir e a se expandir para novas áreas e aplicações.

A IoT é um mercado em constante expansão, com previsões de que o número de dispositivos conectados à internet chegue a bilhões nos próximos anos. A tecnologia está presente em diversos setores da economia, incluindo saúde, agricultura, transporte, energia, varejo e segurança, e vem sendo utilizada para criar soluções inovadoras que permitem aumentar a eficiência, reduzir custos e melhorar a qualidade de vida das pessoas.

A partir de 2020, a Internet das Coisas (IoT) continuou a crescer e se desenvolver em várias áreas, impulsionada por avanços tecnológicos e uma crescente demanda por conectividade e automação.

Algumas tendências notáveis incluem:

Expansão da conectividade 5G: A implantação e adoção generalizada da tecnologia 5G permitiu uma conectividade mais rápida e confiável, impulsionando o crescimento da IoT em áreas como cidades inteligentes, saúde e indústria.

Integração de IA e IoT: A incorporação de inteligência artificial em sistemas IoT permitiu análises avançadas de dados e tomada de decisões autônomas em tempo real. Isso levou a uma maior eficiência operacional e melhores experiências do usuário.

Segurança aprimorada: Com o aumento das preocupações com a segurança cibernética, houve um foco renovado na implementação de medidas de segurança robustas em dispositivos IoT para proteger contra ameaças potenciais.

IoT na saúde: A IoT revolucionou a área da saúde, permitindo monitoramento remoto de pacientes, gerenciamento de doenças crônicas e até mesmo diagnósticos médicos mais precisos e rápidos, melhorando assim os resultados dos pacientes e reduzindo custos de saúde.

Cidades inteligentes: O desenvolvimento de infraestrutura IoT em cidades inteligentes trouxe benefícios como gerenciamento eficiente de tráfego, monitoramento ambiental, serviços urbanos otimizados e uma melhor qualidade de vida para os residentes.

Indústria 4.0: A indústria continuou a adotar tecnologias IoT para otimizar processos de fabricação, melhorar a manutenção preditiva de equipamentos, aumentar a eficiência energética e impulsionar a produção inteligente e personalizada

Desbravando o Universo da IoT: 10 Termos Essenciais Que Você Precisa Conhecer

Para ajudá-lo a navegar por esse universo complexo, reunimos uma lista de 10 termos essenciais em IoT que você precisa conhecer:

"Smart": Este termo é um verdadeiro divisor de águas na IoT. Ele descreve dispositivos que estão conectados à internet e possuem recursos avançados de processamento e interação. Desde smartphones até smart TVs, o prefixo "smart" indica uma integração inteligente de tecnologia em um objeto do cotidiano.

"IoT-ready": Refere-se a dispositivos ou produtos que estão prontos para se conectar à Internet das Coisas sem a necessidade de adaptações adicionais. Esses dispositivos têm capacidades embutidas para se integrarem perfeitamente ao ecossistema da IoT.

"Connected devices": Estes são os pilares da IoT. São dispositivos eletrônicos que estão conectados à internet e podem trocar informações entre si. De lâmpadas inteligentes a termostatos, esses dispositivos formam a espinha dorsal da infraestrutura da IoT.

"Data stream": Imagine um rio de informações fluindo constantemente dos dispositivos conectados. Este é o conceito por trás do termo "data stream". Refere-se ao fluxo contínuo de dados gerados pelos dispositivos IoT, que são essenciais para análises e insights significativos.

"IoT ecosystem": Este termo descreve o ecossistema completo de dispositivos, aplicativos, plataformas e serviços que trabalham juntos para fornecer soluções em IoT. É uma teia complexa de interações que impulsiona a inovação neste campo.

"Smart home": Uma residência equipada com dispositivos IoT que podem ser controlados remotamente para tornar a vida mais conveniente e eficiente. Desde termostatos até sistemas de segurança, uma casa inteligente é o epítome da integração tecnológica em nossas vidas diárias.

"Wearables": Estes são os companheiros inteligentes que usamos em nossos corpos. Smartwatches, pulseiras fitness e outros dispositivos vestíveis coletam dados sobre nossa saúde, atividades físicas e até mesmo nosso sono, oferecendo insights valiosos para um estilo de vida mais saudável.

"Home automation": A automação residencial permite controlar e monitorar remotamente várias funções e dispositivos em uma casa inteligente. Do controle de iluminação ao gerenciamento de energia, a automação residencial torna a vida mais conveniente, eficiente e segura.

"IoT security": Com a interconexão de dispositivos e dados na IoT, a segurança torna-se uma preocupação primordial. Este termo refere-se às medidas e tecnologias implementadas para proteger dispositivos e dados contra ameaças cibernéticas.

"Cloud connectivity": Finalmente, a capacidade dos dispositivos IoT se conectarem e armazenarem dados em serviços de nuvem é crucial. Isso permite análises avançadas, processamento de dados e acessibilidade remota, impulsionando a eficácia e a utilidade da IoT.

Dominar estes termos é apenas o primeiro passo para mergulhar no emocionante mundo da Internet das Coisas. Compreender esses conceitos fundamentais permitirá que você aproveite ao máximo as oportunidades oferecidas por essa revolução tecnológica em constante evolução.

Benefícios e aplicações da IoT

A IoT oferece uma ampla gama de benefícios e aplicações em diversos setores da economia e da sociedade. Algumas das principais vantagens da IoT são:

1. Eficiência e produtividade: a IoT pode ajudar a melhorar a eficiência e a produtividade de processos industriais, agrícolas, logísticos, entre outros, por meio do monitoramento em tempo real e do controle automatizado de equipamentos e sistemas.

2. Redução de custos: a IoT pode permitir a redução de custos em diversas áreas, como manutenção de equipamentos, gestão de energia e gerenciamento de estoques.

3. Melhoria da qualidade de vida: a IoT pode ser usada para criar soluções que melhorem a qualidade de vida das pessoas, como sensores que monitorem a saúde e o bem-estar, dispositivos de assistência para pessoas com deficiência e sistemas de automação residencial.

4. Sustentabilidade: a IoT pode ajudar a aumentar a sustentabilidade de processos industriais e de consumo de energia, permitindo o monitoramento e o controle de emissões de carbono, uso de recursos naturais e desperdício de alimentos.

5. Eficiência operacional: Automação e monitoramento em tempo real permitem otimizar processos e reduzir custos operacionais.

6. Maior conveniência: Conexão e controle remotos de dispositivos facilitam a vida cotidiana das pessoas.

7. Melhores decisões baseadas em dados: A análise de dados em grande escala permite tomadas de decisão mais informadas e preditivas.

A convergência da Internet das Coisas (IoT) e da Inteligência Artificial (IA)

A convergência da Internet das Coisas (IoT) e da Inteligência Artificial (IA) representa uma revolução tecnológica com o potencial de transformar radicalmente diversos setores e aspectos da vida cotidiana.

Esta união permite a criação de sistemas inteligentes e autônomos que coletam, analisam e respondem a dados de maneira eficiente e contextualizada. No entanto, junto com os benefícios, surgem desafios significativos.

Benefícios:

A interseção entre a Internet das Coisas (IoT) e a inteligência artificial (IA) oferece uma ampla gama de vantagens tanto para empresas quanto para consumidores, como intervenção proativa, experiência personalizada e automação inteligente.

Aqui estão alguns dos benefícios mais conhecidos de combinar essas duas tecnologias disruptivas para os negócios:

1. Aumento da Eficiência Operacional

A inteligência artificial na IoT analisa os fluxos constantes de informações e identifica padrões não perceptíveis em medidas simples.

Além disso, a aprendizagem de máquina combinada com a IA pode prever as condições operacionais e detectar os parâmetros a serem modificados para garantir resultados ideais. Portanto, a IoT inteligente oferece insights sobre quais processos são redundantes e tediosos e quais tarefas podem ser ajustadas para melhorar a eficiência.

A Google, por exemplo, utiliza o poder da inteligência artificial na IoT para reduzir os custos de resfriamento de seus data centers.

2. Melhor Gerenciamento de Riscos

A combinação de IA com IoT ajuda as organizações a compreender e prever uma ampla gama de riscos e automatizar respostas rápidas. Isso lhes permite lidar melhor com perdas financeiras, bem-estar dos funcionários e ameaças cibernéticas.

A Fujitsu, por exemplo, garante a segurança dos trabalhadores ao utilizar a IA para analisar dados provenientes de dispositivos vestíveis conectados.

3. Estímulo a Novos e Melhorados Produtos e Serviços

O Processamento de Linguagem Natural (NLP) está cada vez melhor em permitir que as pessoas se comuniquem com dispositivos.

Inegavelmente, IoT e IA juntas podem criar diretamente novos produtos ou aprimorar produtos e serviços existentes, permitindo que as empresas processem e analisem rapidamente os dados.

A Rolls Royce, por exemplo, planeja usar tecnologias de IA na implementação de serviços de manutenção de motores de aviões habilitados para IoT.

Essa abordagem ajudará a identificar padrões e descobrir insights operacionais.

4. Aumento da Escalabilidade da IoT

Os dispositivos IoT variam de dispositivos móveis e computadores de alta qualidade a sensores de baixo custo.

No entanto, o ecossistema de IoT mais comum inclui sensores de baixo custo, que oferecem um grande volume de dados. O ecossistema de IoT alimentado por IA analisa e resume os dados de um dispositivo antes de transferi-los para diferentes dispositivos. Isso reduz enormes volumes de dados a um nível conveniente e permite a conexão de um grande número de dispositivos IoT.

Isso é chamado de escalabilidade.

5. Eliminação de Tempo de Inatividade Não Planejado e Caro

Em áreas como exploração de petróleo e gás em alto mar e manufatura industrial, a quebra de equipamentos pode resultar em tempo de inatividade não planejado e custoso.

A manutenção preditiva com IoT habilitada por IA permite prever falhas de equipamentos com antecedência e programar técnicas de manutenção ordenadas. Assim, é possível evitar os efeitos colaterais do tempo de inatividade.

A Deloitte, por exemplo, encontrou os seguintes resultados com IA e IoT:

Reduções de 20% a 50% no tempo investido no planejamento de manutenção

Aumento de 10% a 20% na disponibilidade e tempo de atividade do equipamento

Redução de 5% a 10% nos custos de manutenção

Esses são apenas alguns exemplos dos benefícios que a combinação de IoT e IA pode trazer para os negócios e consumidores, demonstrando o potencial transformador dessas tecnologias quando utilizadas em conjunto.

Desafios:

Privacidade e segurança dos dados: Com o aumento da quantidade de dados coletados e compartilhados, surge uma preocupação crescente com a privacidade e a segurança dessas informações, exigindo medidas robustas de proteção.

Interoperabilidade: Integrar dispositivos de diferentes fabricantes e plataformas pode ser um desafio, pois requer padrões comuns e protocolos de comunicação para garantir a interoperabilidade entre sistemas.

Explicabilidade e confiança: À medida que os sistemas se tornam mais autônomos e baseados em algoritmos complexos de IA, é crucial garantir que suas decisões sejam compreensíveis e confiáveis para os usuários humanos.

Viés e equidade: Os algoritmos de IA podem refletir preconceitos existentes nos dados de treinamento, levando a decisões injustas ou discriminatórias. É fundamental abordar essas questões para garantir equidade e justiça.

Aplicações:

Saúde: Em telemedicina, dispositivos IoT podem monitorar pacientes remotamente, enquanto a IA pode auxiliar na análise de dados de saúde para diagnósticos mais precisos e tratamentos personalizados.

Manufatura: Na indústria 4.0, sistemas IoT e IA são usados para otimizar processos de produção, realizar manutenção preditiva e melhorar a eficiência operacional.

Cidades inteligentes: Sensores IoT podem coletar dados sobre tráfego, qualidade do ar, uso de energia e outros aspectos urbanos, enquanto a IA pode analisar esses dados para otimizar serviços urbanos e melhorar a qualidade de vida dos cidadãos.

Agricultura de precisão: Sensores IoT em combinação com algoritmos de IA podem monitorar e controlar variáveis como umidade do solo, temperatura e padrões de crescimento das plantas, permitindo uma agricultura mais eficiente e sustentável.

A IoT impulsionada pela IA está apenas começando a mostrar seu potencial, e à medida que continuamos a enfrentar e superar os desafios associados, podemos esperar ver uma adoção ainda mais generalizada e impactante dessas tecnologias em um futuro próximo.

Desbloqueando o Potencial da IoT com Inteligência Artificial

A Internet das Coisas (IoT) revolucionou a forma como interagimos com o mundo ao nosso redor.

Com sensores incorporados em máquinas, a IoT oferece fluxos de dados através da conectividade à internet, criando um vasto ecossistema de informações.

No entanto, o verdadeiro valor da IoT só é realizado quando esses dados são analisados e transformados em ações inteligentes.

É aqui que a Inteligência Artificial (IA) entra em cena, desempenhando um papel crucial na extração de insights significativos e na tomada de decisões informadas.

O Papel da IA na IoT

A IA complementa a IoT em várias etapas cruciais do processo:

Criação e Comunicação: A IoT é responsável por criar e transmitir dados, enquanto a IA entra em ação para interpretar e extrair valor dessas informações. Ao processar grandes volumes de dados gerados pela IoT, a IA ajuda a identificar padrões, anomalias e tendências relevantes.

Agregação e Análise: A IA permite uma análise profunda e em tempo real dos dados coletados pela IoT. Essa capacidade de análise rápida e precisa é essencial para transformar dados brutos em insights acionáveis.

Ação Inteligente: O verdadeiro potencial da IoT é realizado quando as decisões baseadas em dados são traduzidas em ações inteligentes. Aqui, a IA desempenha um papel fundamental, fornecendo contextos relevantes e recomendações para ações futuras.

Gestão e Análise de Dados: A IA possibilita a gestão eficiente e a análise significativa de grandes volumes de dados da IoT, fornecendo insights valiosos para impulsionar a inovação e a eficiência operacional.

Análise Rápida e Precisa: Com algoritmos avançados de aprendizado de máquina, a IA pode analisar dados em tempo real, permitindo respostas rápidas a eventos e situações em constante mudança.

Inteligência Centralizada e Localizada: A IA pode ser implementada tanto de forma centralizada quanto distribuída, permitindo uma adaptação flexível às necessidades específicas de cada aplicação da IoT.

Personalização e Privacidade de Dados: A IA pode equilibrar a personalização das experiências do usuário com a proteção da privacidade dos dados, garantindo que as informações sensíveis sejam mantidas confidenciais.

Segurança Cibernética: Ao detectar e prevenir ameaças cibernéticas em tempo real, a IA desempenha um papel crucial na proteção dos sistemas IoT contra-ataques maliciosos.

A combinação poderosa da IoT e da IA está transformando radicalmente diversos setores, desde manufatura e saúde até transporte e agricultura.

Ao desbloquear o potencial dos dados gerados pela IoT, a IA capacita as organizações a tomar decisões mais inteligentes, eficientes e orientadas por dados.

À medida que continuamos a avançar rumo a um futuro cada vez mais conectado, é inegável que a parceria entre a IoT e a IA continuará a impulsionar a inovação e a transformação digital em escala global.

Exemplos de IA e IoT em Ação: Transformando Negócios e Experiência do Usuário

À medida que avançamos para um futuro cada vez mais conectado, é fundamental observar como a inteligência artificial (IA) e a Internet das Coisas (IoT) estão revolucionando diversos setores, proporcionando uma experiência aprimorada para os usuários e gerando novos modelos de negócios.

Vamos dar uma olhada mais detalhada em algumas áreas onde essa combinação está fazendo a diferença:

1. Robôs na Manufatura:

As unidades de fabricação modernas estão adotando uma abordagem mais tecnológica, com a integração de braços robóticos automatizados controlados por IoT e IA. Essa combinação permite o monitoramento preciso das operações, identificando possíveis falhas e realizando manutenção preditiva para evitar paralisações e falhas sistêmicas. Assim, a produtividade operacional é aprimorada e as operações são otimizadas.

2. Saúde e Farmacêutica:

No setor de saúde, a IA e a IoT estão sendo utilizadas para analisar grandes volumes de dados médicos, ajudando na personalização de tratamentos e na previsão de problemas de saúde. Dispositivos como os wearables oferecem dados valiosos sobre a atividade física dos usuários, permitindo a identificação precoce de problemas de saúde e incentivando um estilo de vida saudável.

3. Educação:

As instituições educacionais estão adotando tecnologias como IA e IoT para transformar a forma como o conhecimento é transmitido aos alunos. Isso inclui a implementação de salas de aula digitais e métodos de ensino mais interativos, proporcionando uma experiência de aprendizado mais envolvente e eficaz.

4. Carros Autônomos:

Os veículos autônomos, como os da Tesla, são um exemplo claro de como a IA e a IoT podem trabalhar juntas para prever e reagir às condições de trânsito em tempo real, aumentando a segurança e a eficiência nas estradas.

5. Análise de Varejo:

A análise de varejo baseada em IA e IoT permite a observação do comportamento dos clientes e a otimização do atendimento, reduzindo o tempo de espera nas filas e aumentando a produtividade dos funcionários.

6. Soluções de Termostato Inteligente:

Soluções como o termostato inteligente da Nest utilizam IA e IoT para ajustar automaticamente a temperatura com base nas preferências dos usuários e em seus horários de trabalho, proporcionando conforto e economia de energia.

Esses são apenas alguns exemplos do potencial transformador da combinação entre IA e IoT. À medida que continuamos a avançar nessa era digital, podemos esperar ver ainda mais inovações que melhoram nossas vidas e impulsionam o crescimento dos negócios.

A Ascensão da Popularidade da IoT e IA: Transformando Negócios e Produtos

No mundo empresarial atual, a tecnologia está assumindo um papel cada vez mais central, e duas inovações em particular estão liderando o caminho: Internet das Coisas (IoT) e Inteligência Artificial (IA).

Empresas de todos os setores estão abraçando essas tecnologias como parte integrante de seus processos e produtos, impulsionando a eficiência operacional e garantindo uma vantagem competitiva significativa.

De acordo com uma pesquisa recente sobre tendências tecnológicas, a IoT e a IA estão no topo da lista das tecnologias mais populares em uso hoje.

Mais impressionante ainda, são as conclusões que revelam que essas são as principais tecnologias nas quais as organizações estão investindo recursos para aumentar a eficácia e fornecer uma vantagem competitiva duradoura.

Os executivos de alto escalão estão liderando essa mudança, reinventando seus negócios por meio da digitalização de interações e comunicações.

De fato, uma pesquisa com executivos do C-suite descobriu que 19% dos entrevistados estão fortemente focados nos benefícios da IoT aprimorada com IA.

Essa tendência reflete a crescente conscientização sobre como a combinação dessas tecnologias pode impulsionar a inovação e a eficiência operacional.

Não é surpresa que tanto startups quanto grandes empresas estejam se voltando para a tecnologia de IA para desbloquear todo o potencial da IoT.

Os principais fornecedores de plataformas de IoT, como Oracle, Microsoft, Amazon e Salesforce, já começaram a consolidar capacidades de IA em suas aplicações de IoT, abrindo caminho para um futuro cada vez mais conectado e inteligente.

À medida que avançamos para uma era onde a conectividade e a inteligência estão se tornando a norma, fica claro que a IoT e a IA estão transformando fundamentalmente a maneira como fazemos negócios.

Aqueles que abraçam essas tecnologias e as integram em suas operações estão bem posicionados para liderar e prosperar em um mundo cada vez mais digital e orientado por dados.

Aplicações práticas da IoT

Aqui estão algumas soluções simples e eficientes para monitorar e controlar dispositivos em tempo real usando a IoT:

1. Sensores inteligentes: os sensores inteligentes são dispositivos IoT que podem monitorar uma variedade de variáveis, como temperatura, umidade, pressão, entre outras. Eles enviam dados para uma plataforma de IoT em tempo real, permitindo que você monitore e controle seus dispositivos a partir de qualquer lugar do mundo.

2. Gateway IoT: um gateway IoT é um dispositivo que permite a comunicação entre dispositivos IoT e a nuvem. Ele pode ser usado para agregar dados de sensores e dispositivos e enviar esses dados para a nuvem para análise e controle.

3. Plataformas de IoT: existem muitas plataformas de IoT disponíveis que permitem que você monitore e controle dispositivos IoT em tempo real. Essas plataformas oferecem recursos como monitoramento em tempo real, controle remoto, análise de dados e alertas.

4. Automação IoT: a automação IoT permite que você crie rotinas e regras para seus dispositivos IoT. Isso significa que você pode automatizar o controle e o monitoramento de seus dispositivos, liberando tempo e recursos para outras tarefas.

5. Aplicativos IoT: muitas empresas estão criando aplicativos IoT para permitir que seus clientes monitorem e controlem dispositivos em tempo real. Esses aplicativos oferecem recursos como monitoramento em tempo real, controle remoto e alertas.

6. Plataformas de desenvolvimento de IoT: existem muitas plataformas de desenvolvimento de IoT disponíveis que permitem que você crie suas próprias soluções de IoT. Essas plataformas oferecem recursos como sensores, gateways e plataformas de IoT em nuvem para ajudá-lo a criar suas próprias soluções de IoT personalizadas.

A IoT tem uma ampla variedade de aplicações práticas em diversas áreas.

Algumas das principais aplicações incluem:

IoT na saúde

A IoT (Internet das Coisas) tem várias aplicações na área de saúde, oferecendo benefícios tanto para pacientes quanto para profissionais de saúde. Algumas das aplicações da IoT na saúde incluem:

1. Monitoramento remoto de pacientes: a IoT pode ser usada para monitorar pacientes remotamente, permitindo que os profissionais de saúde monitorem os sinais vitais, níveis de atividade e outros indicadores de saúde em tempo real. Isso pode ajudar a identificar problemas mais cedo e prevenir hospitalizações desnecessárias.

2. Dispositivos vestíveis: os dispositivos vestíveis, como relógios inteligentes e pulseiras fitness, podem ser usados para monitorar a saúde e o bem-estar dos pacientes. Eles podem registrar o número de passos dados, a frequência cardíaca, a qualidade do sono, entre outras informações importantes.

3. Gerenciamento de medicamentos: a IoT pode ser usada para monitorar a adesão do paciente à medicação, alertando-o sobre a hora certa de tomar os medicamentos e verificando se ele tomou a dosagem correta.

4. Redução de erros médicos: a IoT pode ajudar a reduzir erros médicos, fornecendo aos profissionais de saúde acesso a informações precisas e atualizadas sobre a saúde do paciente.

5. Monitoramento de equipamentos médicos: a IoT pode ser usada para monitorar equipamentos médicos, permitindo que os profissionais de saúde monitorem a sua utilização, manutenção e estoque de suprimentos.

6. Telemedicina: a IoT pode ser usada para fornecer serviços médicos remotos, permitindo que os pacientes consultem os profissionais de saúde remotamente através de plataformas online.

Essas são apenas algumas das aplicações da IoT na saúde. A IoT tem o potencial de transformar completamente a forma como os pacientes são monitorados, tratados e gerenciados pelos profissionais de saúde, melhorando a eficiência e a eficácia do atendimento médico.

IoT na agricultura e agropecuária

A IoT (Internet das Coisas) tem diversas aplicações na agricultura e na agropecuária, permitindo que os produtores agrícolas e pecuaristas monitorem e gerenciem seus negócios de maneira mais eficiente e sustentável.

Algumas das aplicações da IoT na agricultura e agropecuária incluem:

1. Monitoramento do clima: a IoT pode ser usada para monitorar as condições climáticas, permitindo que os produtores agrícolas tomem decisões informadas sobre o plantio, irrigação e colheita.

2. Monitoramento da qualidade do solo: a IoT pode ser usada para monitorar a qualidade do solo, permitindo que os produtores agrícolas determinem os níveis de nutrientes, pH e outros fatores importantes que afetam o crescimento das plantas.

3. Monitoramento de rebanhos: a IoT pode ser usada para monitorar o comportamento e a saúde dos animais, permitindo que os pecuaristas identifiquem problemas de saúde mais cedo e tomem medidas para mantê-los saudáveis e produtivos.

4. Irrigação inteligente: a IoT pode ser usada para controlar a irrigação, permitindo que os produtores

agrícolas ajustem a quantidade de água que é aplicada às plantas com base nas condições climáticas e nos níveis de umidade do solo.

5. Agricultura de precisão: a IoT pode ser usada para implementar a agricultura de precisão, permitindo que os produtores agrícolas coletem dados detalhados sobre as condições do solo, a qualidade do ar, o clima e outros fatores para tomar decisões mais precisas e informadas sobre o plantio, a colheita e a gestão do negócio.

6. Monitoramento de maquinário agrícola: a IoT pode ser usada para monitorar a utilização e a manutenção de equipamentos agrícolas, permitindo que os produtores agrícolas identifiquem problemas de manutenção mais cedo e reduzam o tempo de inatividade.

Essas são apenas algumas das aplicações da IoT na agricultura e agropecuária.

A IoT tem o potencial de ajudar os produtores agrícolas e pecuaristas a gerenciar seus negócios de maneira mais eficiente e sustentável, permitindo que eles produzam mais alimentos de alta qualidade de maneira mais segura e rentável.

IoT nas cidades inteligentes

A IoT (Internet das Coisas) tem várias aplicações nas cidades inteligentes, oferecendo benefícios significativos para os cidadãos, governos e empresas.

Algumas das aplicações da IoT nas cidades inteligentes incluem:

1. Monitoramento do tráfego: a IoT pode ser usada para monitorar o tráfego, permitindo que os governos ajustem os semáforos e planejem rotas alternativas para reduzir congestionamentos e melhorar a segurança nas ruas.

2. Gerenciamento de energia: a IoT pode ser usada para gerenciar a energia, permitindo que os governos monitorem o consumo de energia em tempo real e ajustem a distribuição de energia para reduzir o desperdício e os custos.

3. Monitoramento ambiental: a IoT pode ser usada para monitorar a qualidade do ar e da água, permitindo que os governos monitorem os níveis de poluição e tomem medidas para melhorar a qualidade ambiental.

4. Gerenciamento de resíduos: a IoT pode ser usada para gerenciar os resíduos, permitindo que os governos monitorem os níveis de lixo em tempo real e ajustem as rotas de coleta para reduzir o desperdício e os custos.

5. Segurança pública: a IoT pode ser usada para melhorar a segurança pública, permitindo que os governos monitorem as câmeras de segurança e as redes de sensores para identificar atividades suspeitas e aumentar a vigilância nas áreas de maior risco.

6. Mobilidade urbana: a IoT pode ser usada para melhorar a mobilidade urbana, permitindo que os cidadãos tenham acesso em tempo real às informações sobre o transporte público, rotas alternativas e horários de chegada.

Essas são apenas algumas das aplicações da IoT nas cidades inteligentes.

A IoT tem o potencial de ajudar as cidades a se tornarem mais eficientes, sustentáveis e seguras, melhorando a qualidade de vida dos seus habitantes e permitindo um crescimento mais equilibrado e sustentável.

Existem várias aplicações de IoT em cidades brasileiras, algumas delas incluem:

1. Iluminação pública inteligente: Várias cidades brasileiras, como São Paulo e Belo Horizonte, estão implementando sistemas de iluminação pública inteligente. Esses sistemas utilizam sensores de presença e luminosidade para ajustar automaticamente o brilho da iluminação, economizando energia e melhorando a segurança nas ruas.

2. Gerenciamento de tráfego: O tráfego intenso é um grande problema em muitas cidades brasileiras. Para ajudar a gerenciar esse problema, várias cidades estão implementando sistemas de IoT para monitorar o tráfego em tempo real. Esses sistemas utilizam sensores e câmeras para coletar dados e fornecer informações em tempo real sobre o tráfego para os motoristas.

3. Monitoramento ambiental: O monitoramento ambiental é uma preocupação crescente em muitas cidades brasileiras. Para lidar com esse problema, várias cidades estão implementando sistemas de IoT para monitorar a qualidade do ar e da água. Esses sistemas utilizam sensores para coletar dados e fornecer informações em tempo real sobre a qualidade do ar e da água para as autoridades competentes.

4. Coleta de lixo inteligente: Algumas cidades brasileiras, como São Paulo e Curitiba, estão implementando sistemas de coleta de lixo inteligente. Esses sistemas utilizam sensores para monitorar a quantidade de lixo em latas de lixo e contêineres de coleta seletiva. Com base nos dados coletados, os sistemas podem otimizar as rotas dos caminhões de coleta de lixo para tornar a coleta mais eficiente e econômica.

5. Estacionamento inteligente: O estacionamento é outro problema comum em muitas cidades brasileiras. Para ajudar a gerenciar esse problema, várias cidades estão implementando sistemas de estacionamento inteligente. Esses sistemas utilizam sensores para monitorar a disponibilidade de vagas de estacionamento em tempo real e fornecer informações aos motoristas sobre as vagas disponíveis. Além disso, esses sistemas podem ser integrados com aplicativos móveis para permitir que os motoristas reservem e paguem pelas vagas de estacionamento.

IoT na segurança

A IoT (Internet das Coisas) tem várias aplicações na segurança, permitindo que as empresas e governos monitorem e gerenciem a segurança de pessoas e propriedades de maneira mais eficiente e eficaz.

Algumas das aplicações da IoT na segurança incluem:

1. Monitoramento de vídeo: a IoT pode ser usada para monitorar áreas públicas e privadas, permitindo que as autoridades detectem atividades suspeitas e tomem medidas preventivas.

2. Controle de acesso: a IoT pode ser usada para controlar o acesso a prédios e áreas restritas, permitindo que as empresas gerenciem a entrada e saída de pessoas e monitorem quem tem acesso a determinados locais.

3. Alarmes inteligentes: a IoT pode ser usada para monitorar sensores de movimento e detectores de fumaça, permitindo que as autoridades sejam alertadas rapidamente em caso de emergência.

4. Monitoramento de drones: a IoT pode ser usada para monitorar o tráfego de drones, permitindo que as autoridades detectem atividades suspeitas e respondam rapidamente a possíveis ameaças.

5. Monitoramento de equipamentos de segurança: a IoT pode ser usada para monitorar equipamentos de segurança, como câmeras de segurança e detectores de fumaça, permitindo que as empresas detectem problemas de manutenção e reduzam o tempo de inatividade.

6. Gerenciamento de crises: a IoT pode ser usada para gerenciar crises, permitindo que as autoridades coordenem os esforços de resposta em situações de emergência.

Essas são apenas algumas das aplicações da IoT na segurança.

A IoT tem o potencial de melhorar a segurança pública e privada, permitindo que as empresas e governos monitorem e gerenciem a segurança de pessoas e propriedades de maneira mais eficiente e eficaz.

IoT no transporte

A IoT (Internet das Coisas) tem várias aplicações no setor de transporte, permitindo que as empresas e governos gerenciem o tráfego e a logística de maneira mais eficiente e eficaz.

Algumas das aplicações da IoT no transporte incluem:

1. Gerenciamento de frotas: a IoT pode ser usada para monitorar o uso e o desempenho dos veículos, permitindo que as empresas gerenciem a manutenção e o consumo de combustível de maneira mais eficiente.

2. Navegação inteligente: a IoT pode ser usada para fornecer informações em tempo real sobre as condições do tráfego, permitindo que os motoristas encontrem rotas mais eficientes e evitem congestionamentos.

3. Monitoramento de carga: a IoT pode ser usada para monitorar a carga de transporte, permitindo que as empresas rastreiem e gerenciem a entrega de produtos de maneira mais eficiente.

4. Gerenciamento de tráfego: a IoT pode ser usada para monitorar e gerenciar o tráfego em tempo real, permitindo que as autoridades ajustem as condições do tráfego para reduzir congestionamentos e melhorar a segurança nas estradas.

5. Monitoramento da segurança dos veículos: a IoT pode ser usada para monitorar os sensores de segurança dos veículos, permitindo que as empresas detectem problemas e tomem medidas preventivas para garantir a segurança dos motoristas e passageiros.

6. Pagamento eletrônico: a IoT pode ser usada para permitir o pagamento eletrônico em pedágios, postos de gasolina e outras paradas de transporte, tornando o processo mais rápido e eficiente.

Essas são apenas algumas das aplicações da IoT no transporte.

A IoT tem o potencial de melhorar a eficiência e a segurança do transporte, permitindo que as empresas e governos gerenciem o tráfego e a logística de maneira mais eficiente e eficaz.

IoT na automação residencial

A IoT (Internet das Coisas) tem várias aplicações na automação residencial, permitindo que as pessoas gerenciem suas casas de maneira mais inteligente e eficiente.

Algumas das aplicações da IoT na automação residencial incluem:

1. Gerenciamento de energia: a IoT pode ser usada para monitorar o uso de energia em casa, permitindo que as pessoas gerenciem seus gastos de energia e reduzam suas contas de eletricidade.

2. Controle de iluminação: a IoT pode ser usada para controlar as luzes da casa, permitindo que as pessoas ajustem a iluminação de acordo com suas necessidades e preferências.

3. Controle de temperatura: a IoT pode ser usada para controlar o sistema de aquecimento e ar-condicionado da casa, permitindo que as pessoas ajustem a temperatura de acordo com suas preferências e economizem dinheiro em energia.

4. Segurança: a IoT pode ser usada para monitorar a segurança da casa, permitindo que as pessoas recebam alertas em tempo real sobre possíveis ameaças e monitorem as atividades na casa enquanto estão fora.

5. Gerenciamento de eletrodomésticos: a IoT pode ser usada para gerenciar eletrodomésticos como geladeiras, fornos e máquinas de lavar roupa, permitindo que as pessoas controlem seus

aparelhos remotamente e gerenciem seus ciclos de uso.

6. Entretenimento: a IoT pode ser usada para controlar a música, a televisão e outros dispositivos de entretenimento em casa, permitindo que as pessoas personalizem suas experiências de entretenimento e controlem seus dispositivos com facilidade.

Essas são apenas algumas das aplicações da IoT na automação residencial.

A IoT tem o potencial de tornar as casas mais inteligentes e eficientes, permitindo que as pessoas gerenciem suas casas de maneira mais inteligente e personalizada.

IoT no varejo

A IoT (Internet das Coisas) tem várias aplicações no setor de varejo, permitindo que as empresas gerenciem suas lojas e atendam melhor seus clientes.

Algumas das aplicações da IoT no varejo incluem:

1. Monitoramento de estoque: a IoT pode ser usada para monitorar os níveis de estoque em tempo real, permitindo que as empresas gerenciem seus estoques de maneira mais eficiente e evitem a falta de produtos nas prateleiras.

2. Análise do comportamento do cliente: a IoT pode ser usada para monitorar o comportamento dos clientes dentro da loja, permitindo que as

empresas analisem seus hábitos de compra e ajustem sua estratégia de vendas.

3. Análise de tráfego: a IoT pode ser usada para monitorar o tráfego em uma loja, permitindo que as empresas gerenciem o layout da loja e melhorem a experiência do cliente.

4. Personalização da experiência do cliente: a IoT pode ser usada para personalizar a experiência do cliente, permitindo que as empresas ofereçam ofertas e promoções personalizadas com base no comportamento do cliente.

5. Gerenciamento de ativos: a IoT pode ser usada para monitorar e gerenciar os ativos da loja, como carrinhos de compras, permitindo que as empresas reduzam o roubo de carrinhos e gerenciem melhor seus ativos.

6. Personalização de marketing: a IoT pode ser usada para coletar dados dos clientes em tempo real, permitindo que as empresas personalizem suas ofertas e marketing de acordo com as preferências dos clientes.

7. Automação de compras: a IoT pode ser usada para automatizar o processo de compra, permitindo que as empresas gerenciem o estoque de maneira mais eficiente e reduzam os custos de pessoal.

8. Monitoramento de temperatura: a IoT pode ser usada para monitorar a temperatura em lojas de alimentos e bebidas, garantindo que os produtos sejam armazenados em condições ideais.

9. Gerenciamento de fila: a IoT pode ser usada para gerenciar filas em lojas, permitindo que as empresas gerenciem o fluxo de clientes e reduzam o tempo de espera.

10. Pagamento eletrônico: a IoT pode ser usada para permitir o pagamento eletrônico na loja, tornando o processo de compra mais rápido e eficiente.

Essas são apenas algumas das aplicações da IoT no varejo.

A IoT tem o potencial de melhorar a eficiência e a personalização no setor de varejo, permitindo que as empresas gerenciem suas operações de maneira mais inteligente e eficiente.

IoT na indústria

A IoT tem sido amplamente utilizada na indústria para melhorar a eficiência e a produtividade em diversos setores, tais como manufatura, logística, transporte, energia, entre outros.

Algumas das aplicações da IoT na indústria incluem:

1. Manutenção preditiva: a IoT pode ser usada para monitorar equipamentos e prever falhas antes que ocorram, permitindo que as empresas realizem manutenção preventiva e evitem paradas não programadas.

2. Rastreamento de ativos: sensores IoT podem ser utilizados para rastrear a localização e o estado de

equipamentos, produtos e veículos em tempo real, o que ajuda a otimizar o uso desses ativos e melhorar a eficiência.

3. Controle de qualidade: a IoT pode ser utilizada para monitorar processos de fabricação e garantir que produtos atendam aos padrões de qualidade exigidos, permitindo que as empresas identifiquem e corrijam problemas rapidamente.

4. Logística e transporte: sensores IoT podem ser utilizados para rastrear a localização de veículos e mercadorias, otimizando rotas e reduzindo custos de transporte.

5. Monitoramento ambiental: a IoT pode ser utilizada para monitorar condições ambientais, tais como temperatura, umidade e níveis de poluição, permitindo que as empresas tomem medidas para reduzir o impacto de suas atividades no meio ambiente.

Essas são apenas algumas das aplicações da IoT na indústria.

Com a evolução da tecnologia e a queda dos custos de implementação, espera-se que cada vez mais empresas adotem soluções baseadas em IoT para melhorar seus processos e aumentar sua competitividade.

A Era da Indústria 4.0: Desvendando o Potencial da IoT

Na paisagem industrial atual, a integração da Internet das Coisas (IoT) desempenha um papel central na definição da Era da Indústria 4.0. Este fenômeno revolucionário transcende a mera automatização, abraçando a interconectividade e a inteligência em todas as etapas do processo produtivo.

Definição da Indústria 4.0: Refere-se a uma nova fase na evolução da manufatura, caracterizada pela digitalização, automação avançada e integração de sistemas ciberfísicos. Neste contexto, a IoT emerge como um pilar fundamental, permitindo a conexão e comunicação entre máquinas, sistemas e pessoas.

Compreendendo os Precursores/Fatores Habilitadores: Antes da Indústria 4.0, várias tecnologias e tendências prepararam o terreno, como a automação industrial, computação em nuvem, big data e inteligência artificial. Esses elementos pavimentaram o caminho para a convergência digital e a adoção generalizada da IoT na indústria.

Considerações de Negócios: A transformação para a Indústria 4.0 implica em uma revisão completa das estratégias de negócios. As empresas devem considerar investimentos em tecnologias habilitadoras, treinamento de pessoal e redefinição de modelos de negócios para se manterem competitivas neste novo cenário.

Benefícios: Os benefícios da Indústria 4.0 são vastos e abrangem desde a melhoria da eficiência operacional e redução de custos até a personalização em massa, qualidade aprimorada e tempos de resposta mais rápidos às demandas do mercado.

Fatores Influenciadores, Dinâmicas de Mercado, Impulsionadores, Restrições, Oportunidades e Desafios:

O avanço da Indústria 4.0 é influenciado por uma série de fatores, incluindo regulamentações governamentais, mudanças nas expectativas dos consumidores e desafios de segurança cibernética. Enquanto as oportunidades são vastas, os desafios incluem questões de interoperabilidade, preocupações com privacidade e necessidade de investimentos significativos.

Proposição Técnica: A IoT desempenha um papel central na proposição técnica da Indústria 4.0, fornecendo a infraestrutura necessária para a coleta, análise e compartilhamento de dados em tempo real. Isso permite a automação inteligente, manutenção preditiva e tomada de decisão baseada em dados.

Potenciais de Crescimento: Os potenciais de crescimento da Indústria 4.0 são promissores, com previsões de aumento da eficiência, inovação acelerada e desenvolvimento de novos mercados e produtos impulsionados pela conectividade e inteligência.

Áreas de Aplicação: As aplicações da IoT na Indústria 4.0 são diversas e abrangem desde a manufatura inteligente até a logística, saúde, energia e agricultura. Em cada setor, a IoT está redefinindo processos e criando novas oportunidades de negócios.

Principais Atuantes: Empresas líderes em tecnologia, fabricantes de equipamentos industriais, fornecedores de soluções de software e consultorias especializadas estão na vanguarda desta revolução industrial.

À medida que a Indústria 4.0 continua a transformar o panorama empresarial, é crucial compreender os termos e definições fundamentais que moldam esse mercado em constante evolução. Vamos mergulhar em alguns desses conceitos essenciais:

Hardware:

Processadores: Unidades centrais de processamento e controladores que impulsionam a execução de operações.

Sensores: Dispositivos que captam e convertem informações do ambiente físico em dados eletrônicos.

Conectividade: Tecnologias que facilitam a comunicação entre dispositivos, como Bluetooth e WiFi.

Software:

Soluções de Software: Aplicações desenvolvidas para atender necessidades específicas de negócios ou resolver problemas particulares.

Serviços: Ofertas para auxiliar na implementação, integração e suporte de soluções de software e hardware.

Plataformas: Ambientes que fornecem suporte para o desenvolvimento e execução de aplicativos e serviços.

Termos Específicos:

Plataforma: Monitoramento e Controle Centralizados: Oferece visibilidade completa e controle das operações de uma organização.

Customização e API's: Permite a personalização da plataforma e a integração com aplicativos externos por meio de interfaces de programação.

Gerenciamento de Dispositivos: Funcionalidades para monitorar e gerenciar dispositivos conectados em rede.

Gerenciamento de Aplicações: Facilita o controle e a manutenção de aplicativos específicos de negócios.

Gerenciamento de Rede: Capacita os administradores a supervisionar e analisar todas as atividades organizacionais em um único local.

Compreender esses termos é essencial para aproveitar ao máximo as oportunidades oferecidas pela Indústria 4.0. Ao dominar esses conceitos, as empresas podem tomar decisões mais informadas e estratégicas, impulsionando a inovação e a competitividade.

Utilizando Tecnologia IoT para Proteger a Vida Selvagem

A Terra é crucial para a humanidade. O ar que respiramos, a comida que comemos, tudo vem da Terra. É vital compreendermos o ambiente, pois 90% das doenças humanas (e medicamentos) provêm da vida selvagem.

Com a crescente ameaça do aquecimento global reduzindo terras aráveis, e a poluição ceifando milhões de vidas, o monitoramento ambiental torna-se mais urgente do que nunca.

Monitoramento Ambiental: Vida Selvagem em Perigo

A Terra enfrenta sua sexta grande extinção, com 10.000 espécies desaparecendo a cada ano e o número de espécies sendo reduzido pela metade nos últimos 40 anos.

Esta situação é comparável ao "Earth Snowball" e ao asteroide que dizimou os dinossauros. Poaching crescente, invasão humana, mudanças climáticas e doenças são ameaças graves.

Monitoramento Ambiental: Protegendo a Vida Selvagem

O monitoramento animal é parte essencial de quase todos os esforços de conservação. Detectar doenças, lesões ou animais presos em armadilhas é crucial.

Grandes mudanças nos padrões de migração e densidade populacional estão ocorrendo. Espécies como elefantes, baleias, tigres e araras estão à beira da extinção.

A IoT permite um acompanhamento contínuo dos animais, possibilitando estudos detalhados de dinâmicas como interações sociais e padrões de movimento, além de uma resposta rápida a eventos de caça furtiva.

Monitoramento Ambiental: Como é Feito

Os animais são equipados com colares contendo uma série de sensores, armazenamento e conectividade. Sensores GPS, acelerômetros/ giroscópios/ magnetômetros, sensores biométricos, memória flash, transceptores sem fio e CPU compõem esses dispositivos. Limitações como peso (3-5 libras) e vida útil (cerca de 1 ano sem intervenção humana) devem ser consideradas.

Arquitetura de Rastreamento de Vida Selvagem

A infraestrutura não é pervasiva, não há torres de antenas. Aviões sobrevoam a área, captando sinais dos colares. A comunicação entre pares replica informações entre os colares, usando o conceito de gossip de forma oportunística durante encontros.

Em conclusão, a arquitetura de rastreamento de vida selvagem é uma peça fundamental no esforço global para proteger e conservar a biodiversidade. Ao utilizar tecnologias avançadas, como a Internet das Coisas (IoT), essa arquitetura permite o acompanhamento contínuo e em tempo real de animais em seu ambiente natural.

Ao contrário de métodos tradicionais de monitoramento, que podem ser limitados pela necessidade de intervenção humana direta ou por infraestruturas caras e complexas, a arquitetura de rastreamento de vida selvagem baseada em IoT é mais flexível e eficiente.

Com a capacidade de coletar dados precisos sobre a localização, movimento e saúde dos animais, os pesquisadores podem obter insights valiosos sobre padrões de comportamento, habitat e interações entre espécies.

Além disso, a comunicação peer-to-peer entre os dispositivos de rastreamento permite a disseminação rápida de informações e a detecção de eventos como caça furtiva ou desastres naturais. Essa abordagem descentralizada e adaptável é especialmente importante em áreas remotas ou de difícil acesso, onde a conservação da vida selvagem muitas vezes enfrenta desafios significativos.

Em última análise, a arquitetura de rastreamento de vida selvagem representa uma poderosa ferramenta para a conservação da biodiversidade, permitindo uma abordagem mais proativa e informada para proteger as espécies em perigo e preservar os ecossistemas naturais para as gerações futuras.

A tecnologia IoT está desempenhando um papel vital na proteção da vida selvagem, permitindo que os pesquisadores monitorem os animais de forma contínua e forneçam respostas rápidas a ameaças, visando um futuro sustentável para nosso planeta.

Tendências de IoT: Transformando o Mundo Conectado

As tendências tecnológicas que culminaram na revolução da IoT são numerosas e, mesmo que o termo "revolução" seja bastante usado, vamos explorar como ele se aplica a esse contexto.

Ao longo dos anos, essas tendências se desenvolveram gradualmente até convergirem para o cenário atual, onde a IoT está se tornando uma realidade palpável em nossas vidas.

Redução de Custos: Uma das principais tendências que tornaram a IoT viável é a redução significativa nos custos dos dispositivos e da tecnologia computacional. Ao longo do tempo, a tecnologia de computação se tornou muito mais acessível. Enquanto em 1945 uma máquina como o ENIAC custava quase meio milhão de dólares, hoje você pode comprar um laptop capaz por uma fração desse preço. Essa redução de custos tornou possível incorporar tecnologia computacional em uma variedade muito maior de dispositivos, incluindo os da IoT.

Diminuição do Tamanho do Hardware: Além da redução de custos, houve uma redução significativa no tamanho e peso do hardware. Enquanto o ENIAC ocupava aproximadamente 1.800 pés quadrados e pesava 27 toneladas, os dispositivos modernos, como laptops e dispositivos de IoT, são extremamente compactos e leves. Essa redução no tamanho do hardware permitiu que a tecnologia computacional fosse integrada em uma ampla gama de dispositivos e objetos do dia a dia.

Aumento da Capacidade Computacional: Desde 1945, a capacidade computacional cresceu exponencialmente. Enquanto o ENIAC podia realizar cerca de 5.000 instruções por segundo, um laptop moderno pode realizar bilhões de instruções por segundo. Esse aumento massivo na capacidade computacional permitiu a implementação de uma variedade muito maior de recursos e funcionalidades nos dispositivos de IoT, incluindo processamento de fala em tempo real, processamento de áudio avançado e comunicação em rede sofisticada.

Acesso à Internet: O acesso à Internet se tornou cada vez mais onipresente desde 1945. Hoje em dia, a Internet está disponível em grande parte do mundo, seja por meio de redes Wi-Fi, conexões por cabo ou tecnologias sem fio. Embora ainda existam disparidades no acesso à Internet em algumas regiões, houve uma melhoria significativa na acessibilidade global à rede, o que é fundamental para o funcionamento eficaz da IoT.

Custos de Dados: Os custos associados ao acesso à Internet e à transmissão de dados diminuíram consideravelmente ao longo dos anos. Isso, juntamente com a disponibilidade de largura de banda cada vez maior, tornou possível transmitir grandes volumes de dados de maneira rápida e eficiente. Essa capacidade é essencial para suportar recursos avançados de IoT, como streaming de vídeo e comunicação em tempo real.

Em resumo, as tendências mencionadas acima têm desempenhado um papel crucial na evolução da IoT e na criação de um mundo mais conectado e inteligente.

À medida que continuamos a avançar, é provável que vejamos ainda mais inovações e avanços na área da IoT, moldando profundamente a forma como interagimos com o mundo ao nosso redor.

Exemplo de Implantação em Camadas na Internet das Coisas (IoT)

Para ilustrar como os diferentes aspectos da infraestrutura de IoT são implementados em um ambiente prático, vamos considerar um exemplo de implantação em camadas:

1. Conectividade:

Nesta camada, são estabelecidas as conexões físicas e lógicas para suportar os sensores e atuadores. São utilizados diversos protocolos de comunicação, como Wi-Fi, Bluetooth, Zigbee ou LoRa, dependendo dos requisitos específicos do sistema.

2. Gerenciamento de Dispositivos Finais:

Esta camada proporciona a capacidade de identificar, autenticar, autorizar e gerenciar os dispositivos finais conectados à rede IoT. Isso inclui a configuração remota, atualizações de firmware e o monitoramento do estado dos dispositivos.

3. Processamento de Dados:

Os dados coletados pelos sensores passam por esta camada, onde são traduzidos e preparados para serem utilizados pelas aplicações. Isso pode envolver limpeza de dados, normalização e agregação para garantir que os dados estejam prontos para análise.

4. Integração de Banco de Dados:

Nesta camada, os dados processados são armazenados em um banco de dados para acesso futuro. A integração do banco de dados garante uma conexão eficiente entre as aplicações e os dados armazenados, permitindo que as aplicações acessem e manipulem os dados conforme necessário.

5. Visualização de Dados:

Os dados armazenados são visualizados de maneira significativa nesta camada, utilizando ferramentas como gráficos, tabelas e mapas interativos. Isso permite que os usuários compreendam rapidamente os insights e tendências dos dados coletados.

6. Análise de Dados:

Nesta camada, os dados são processados para fornecer feedback valioso. Isso pode incluir análise em tempo real para tomada de decisões imediatas ou análise atrasada para identificar padrões e tendências ao longo do tempo.

7. APIs e SDK:

Esta camada fornece as interfaces de programação de aplicativos (APIs) e os kits de desenvolvimento de software (SDKs) para os desenvolvedores criarem aplicações personalizadas que interagem com a infraestrutura de IoT. Isso facilita a criação de novas funcionalidades e integrações com outros sistemas.

8. Segurança:

A segurança é integrada em todas as camadas da infraestrutura para garantir a confidencialidade, integridade e disponibilidade dos dados e dispositivos. Isso inclui criptografia de dados, autenticação de usuários, controle de acesso e monitoramento de ameaças em tempo real.

Neste exemplo de implantação em camadas na IoT, cada camada desempenha um papel fundamental na criação de uma infraestrutura de IoT robusta, segura e eficiente. Ao integrar conectividade, gerenciamento de dispositivos, processamento de dados, análise e segurança em uma arquitetura em camadas, as organizações podem maximizar o valor de seus investimentos em IoT e impulsionar a inovação em seus produtos e serviços.

Hardware para IoT

Conceitos básicos de eletrônica

A eletrônica é o ramo da ciência que lida com o controle e o movimento de elétrons em materiais semicondutores. Alguns conceitos básicos de eletrônica incluem:

Circuito elétrico: um circuito elétrico é uma conexão de componentes eletrônicos, como resistores, capacitores, diodos e transistores, que permite o fluxo de corrente elétrica. Um circuito elétrico é geralmente alimentado por uma fonte de energia, como uma bateria ou uma fonte de alimentação.

Componentes eletrônicos: Os componentes eletrônicos são os blocos de construção dos circuitos elétricos. Alguns dos componentes eletrônicos mais comuns incluem resistores, capacitores, indutores, diodos, transistores e microcontroladores.

Corrente elétrica: A corrente elétrica é o fluxo de elétrons em um circuito elétrico. A corrente elétrica é medida em ampères (A) e pode ser calculada usando a lei de Ohm.

Tensão elétrica: A tensão elétrica é a diferença de potencial entre dois pontos em um circuito elétrico. A tensão elétrica é medida em volts (V) e pode ser calculada usando a lei de Ohm.

Resistência elétrica: A resistência elétrica é a capacidade de um material de se opor ao fluxo de corrente elétrica. A resistência elétrica é medida em ohms (Ω) e pode ser calculada usando a lei de Ohm.

Capacitância elétrica: A capacitância elétrica é a capacidade de um capacitor de armazenar carga elétrica. A capacitância elétrica é medida em farads (F).

Frequência: A frequência é a medida da quantidade de ciclos de onda que ocorrem em um segundo. A frequência é medida em Hertz (Hz) e é importante em eletrônica para a transmissão e recepção de sinais de rádio.

Esses são apenas alguns conceitos básicos de eletrônica. A eletrônica é um campo vasto e complexo que tem aplicações em muitas áreas diferentes, desde a produção de eletrônicos de consumo até a aviação e a exploração espacial.

Placas de desenvolvimento para IoT

As placas de desenvolvimento são dispositivos eletrônicos que possuem um microcontrolador, memória, entradas e saídas de dados, e outros componentes que permitem que desenvolvedores criem projetos de IoT. As placas mais comuns são o Arduino e o Raspberry Pi.

O Arduino é uma plataforma de prototipagem eletrônica de código aberto que é amplamente usada para projetos de IoT. Ele tem uma placa controladora com entradas e saídas digitais e analógicas, permitindo que desenvolvedores criem projetos interativos e conectados.

Arduino Leonardo

O Raspberry Pi é um computador de placa única (Single Board Computer - SBC) que é projetado para ser acessível e fácil de usar. Ele tem um processador, memória, conectividade Ethernet e Wi-Fi, além de GPIOs (General Purpose Input/Output) que permitem que desenvolvedores conectem sensores e atuadores para criar projetos de IoT.

Respberry PI

Ambas as placas são populares entre os desenvolvedores de IoT e podem ser usadas para projetos de diferentes tamanhos e complexidades. O Arduino é mais simples e é amplamente utilizado para prototipagem rápida e projetos menores, enquanto o Raspberry Pi oferece mais recursos e é adequado para projetos mais complexos e sofisticados. Além disso, existem outras placas de desenvolvimento para IoT, como a ESP32 e a BeagleBone Black, que também são muito populares entre os desenvolvedores.

Sensores e atuadores para IoT

Sensores e atuadores são componentes eletrônicos importantes para projetos de IoT, pois permitem que os dispositivos se comuniquem com o ambiente físico e realizem ações. Aqui estão alguns exemplos de sensores e atuadores comuns usados em projetos de IoT:

Sensores:

1. Sensor de temperatura: mede a temperatura do ambiente e pode ser usado para monitorar o clima em uma determinada área ou monitorar a temperatura de um objeto específico.

2. Sensor de umidade: mede a umidade do ar e pode ser usado para monitorar a umidade em uma determinada área ou monitorar a umidade do solo.

3. Sensor de movimento: detecta movimento no ambiente e pode ser usado para ativar dispositivos quando alguém ou algo se move em uma determinada área.

4. Sensor de luz: detecta a quantidade de luz no ambiente e pode ser usado para ativar dispositivos quando há pouca luz ou para ajustar o brilho da luz de acordo com as condições de iluminação.

Atuadores:

1. Servomotor: um motor que pode girar em um ângulo específico. Pode ser usado para mover objetos em uma determinada direção.

2. Motor DC: um motor que pode girar em alta velocidade. Pode ser usado para movimentar um dispositivo em uma determinada direção.

3. Solenoide: uma bobina que pode gerar um campo magnético para realizar uma ação mecânica. Pode ser usado para acionar uma fechadura ou liberar um dispositivo.

4. LED: um diodo emissor de luz que pode ser usado para indicar o estado de um dispositivo ou fornecer luz em uma área.

Esses são apenas alguns exemplos de sensores e atuadores que podem ser usados em projetos de IoT.

A escolha de quais sensores e atuadores usar dependerá do objetivo do projeto e das necessidades específicas do dispositivo.

Explorando a Plataforma Arduino: Um Mundo de Possibilidades na Ponta dos Dedos

No universo da tecnologia, poucas ferramentas são tão acessíveis e versáteis quanto a plataforma Arduino. Desenvolvido inicialmente como um projeto de pesquisa no Interaction Design Institute em Ivrea, Itália, o Arduino evoluiu para se tornar a plataforma de prototipagem preferida para entusiastas e profissionais em todo o mundo.

Neste post, vamos explorar o que faz do Arduino uma escolha tão popular e como ele simplifica o desenvolvimento de dispositivos IoT (Internet das Coisas).

Origens e Filosofia do Arduino:

O Arduino surgiu com a missão de tornar a prototipagem de dispositivos eletrônicos mais acessível para iniciantes e especialistas. Seu nome vem de um bar na Itália onde seus fundadores costumavam se reunir, refletindo a atmosfera de colaboração e criatividade que permeia a comunidade Arduino.

O objetivo do projeto era desenvolver uma maneira barata e fácil para novatos criarem dispositivos que interagem com o ambiente usando sensores e atuadores.

Componentes Técnicos do Arduino:

Ambiente de Desenvolvimento Interativo: O Arduino oferece um ambiente de desenvolvimento interativo que simplifica a criação de código para dispositivos eletrônicos.

Bibliotecas de Código: Uma extensa coleção de bibliotecas simplifica a escrita de código, permitindo que os desenvolvedores usem funções predefinidas para interagir com hardware específico.

Linguagem de Programação: Os programas do Arduino, conhecidos como "sketches", são escritos em

C++ e salvos com a extensão ".ino", facilitando a escrita e compreensão do código.

Variedade de Placas: Existem várias versões do Arduino, cada uma com designs de placa específicos e utilizando diferentes microprocessadores ou controladores para atender às necessidades de diferentes projetos.

Open-Source: Tanto o hardware quanto o software do Arduino são de código aberto, o que significa que qualquer pessoa pode estudar, modificar e distribuir livremente o projeto.

Uma das características mais notáveis do Arduino é sua capacidade de se adaptar a uma ampla gama de projetos. Com a capacidade de conectar virtualmente um número ilimitado de sensores, indicadores, displays, motores e outros dispositivos, as possibilidades são praticamente infinitas.

Desde simples experimentos de hobby até projetos complexos de automação residencial ou industrial, o Arduino oferece uma plataforma acessível e poderosa para transformar ideias em realidade.

Em resumo, o Arduino é muito mais do que apenas uma placa de circuito impresso - é uma comunidade global de criadores e inovadores que estão constantemente empurrando os limites do que é possível com eletrônica DIY.

Desvendando a Plataforma Arduino: Simplificando a Programação de Microcontroladores

A plataforma Arduino revolucionou a maneira como programamos microcontroladores, tornando o processo ainda mais acessível e intuitivo.

Agora, vamos explorar como programar um Arduino, desde o básico até dicas avançadas, para que você possa mergulhar nesse mundo de inovação tecnológica.

Como Programar um Arduino: Entendendo os Fundamentos

Linguagens de Programação: Geralmente, os microcontroladores são programados em linguagens de alto nível. A plataforma Arduino simplifica ainda mais esse processo.

IDE Simples: A Arduino IDE oferece uma interface simples e amigável, facilitando a escrita e o upload de código para o seu Arduino.

Bibliotecas e Objetos: O Arduino oferece uma ampla variedade de bibliotecas e objetos, alguns desenvolvidos pela própria comunidade Arduino e outros pela Atmel/AVR, para facilitar o desenvolvimento de projetos.

O que a IDE Arduino Oferece: Configurando o Ambiente

Selecionando a Porta: Para comunicar com o Arduino, é necessário selecionar a porta correta. No Windows, você pode encontrá-la no Gerenciador de Dispositivos. No Mac e Linux, use comandos específicos no terminal.

Selecionando o Tipo de Placa: Escolha o tipo de placa Arduino que você está utilizando para que a IDE possa se comunicar corretamente com ela.

Escrevendo um Programa Arduino: Dominando os Conceitos Básicos

Funções Principais: Em um programa Arduino, existem duas funções principais: setup() e loop(). A primeira é executada uma vez no início, enquanto a segunda é executada continuamente.

Funções de Entrada/Saída Digital: Você pode controlar pinos de entrada/saída digital utilizando funções como pinMode(), digitalWrite() e digitalRead().

Compilando e Carregando um Programa Arduino: Passo a Passo

Verificar/ Compilar: Antes de carregar o código, verifique se não há erros de compilação.

Carregar o Bootloader: O bootloader é carregado automaticamente antes do programa principal. Ele permite a reprogramação da memória flash via porta serial.

Carregar o Código: Finalmente, faça o upload do seu código para o Arduino e veja-o começar a ser executado automaticamente.

Dicas de Solução de Problemas: Garantindo o Sucesso

Verifique se você selecionou o tipo de placa e porta corretos.

Esteja atento a curtos-circuitos ou componentes superaquecidos.

Use um multímetro para verificar valores de saída e correntes.

Utilize o monitor serial para registrar o progresso do seu código.

Considere o uso de simuladores ou emuladores para testar seu programa antes de carregá-lo no Arduino.

Com essas informações, você está pronto para mergulhar no emocionante mundo da programação Arduino.

Explore, experimente e crie projetos incríveis que impulsionem a sua criatividade e inovação tecnológica!

Explorando os Principais Produtos Arduino: Inovação ao Seu Alcance

1. Arduino Uno:

Descrição: O Arduino Uno é o cartão de entrada na família Arduino. É uma placa de microcontrolador baseada no ATmega328P, oferecendo 14 pinos digitais, 6 pinos analógicos e uma interface USB para programação e alimentação.

Vantagens: Ideal para iniciantes devido à sua facilidade de uso e abundância de recursos educacionais.

Suporte a uma vasta gama de sensores e atuadores.

Compatível com uma ampla variedade de shields, expandindo suas capacidades.

2. Arduino Nano:

Descrição: O Arduino Nano é uma versão compacta do Arduino Uno, com tamanho reduzido e desempenho semelhante. Possui 14 pinos digitais, 8 pinos analógicos e uma interface micro USB.

Vantagens: Tamanho compacto o torna ideal para projetos com espaço limitado.

Funcionalidade semelhante ao Arduino Uno em um pacote menor.

Conveniente para projetos embarcados e wearables.

3. Arduino Mega:

Descrição: O Arduino Mega é uma placa poderosa com o microcontrolador ATmega2560, oferecendo uma quantidade generosa de pinos digitais e analógicos (54 digitais e 16 analógicos).

Vantagens: Ideal para projetos complexos que exigem muitas entradas/saídas.

Suporte a uma grande variedade de shields e expansões.

Excelente para automação residencial, robótica e controle de dispositivos.

4. Arduino Due:

Descrição: O Arduino Due é uma placa com um microcontrolador ARM Cortex-M3 de 32 bits, oferecendo desempenho e recursos avançados.

Vantagens: Alta velocidade de processamento e grande quantidade de memória.

Perfeito para aplicações que exigem alta performance, como processamento de áudio e vídeo.

Compatível com shields e bibliotecas Arduino existentes.

5. Arduino Uno WiFi Rev2:

Descrição: O Arduino Uno WiFi Rev2 combina as características do Arduino Uno com conectividade Wi-Fi integrada, proporcionando acesso à Internet diretamente da placa.

Vantagens: Conectividade Wi-Fi integrada simplifica a comunicação com a Internet.

Permite a criação de projetos IoT (Internet das Coisas) sem a necessidade de módulos externos.

Totalmente compatível com a vasta biblioteca de recursos Arduino.

A família de produtos Arduino oferece uma solução para cada necessidade, desde projetos simples até aplicações avançadas. Com uma variedade de placas e acessórios disponíveis, é possível criar uma ampla gama de projetos eletrônicos com facilidade e flexibilidade.

Escolha o produto Arduino que melhor se adapte às suas necessidades e comece a explorar as infinitas possibilidades da eletrônica de código aberto.

Arduino vs. Raspberry Pi: Explorando as Diferenças e Vantagens

Ao explorar o vasto mundo da eletrônica e da computação, é provável que você já tenha ouvido falar tanto do Arduino quanto do Raspberry Pi.

Ambos são amplamente utilizados em projetos de eletrônica e IoT (Internet das Coisas), mas cada um possui suas próprias características e benefícios distintos. Vamos mergulhar nessa comparação para entender melhor as diferenças e vantagens de cada plataforma.

Arduino:

O Arduino é uma plataforma de hardware de código aberto projetada principalmente para prototipagem rápida e desenvolvimento de projetos eletrônicos. Aqui estão algumas características-chave do Arduino:

Simplicidade: O Arduino é conhecido por sua simplicidade de uso, especialmente para iniciantes. Com uma linguagem de programação fácil de aprender e uma comunidade ativa de suporte, é acessível mesmo para aqueles sem experiência prévia em programação.

Hardware focado: O Arduino é projetado especificamente para tarefas de controle de hardware em tempo real. É ideal para projetos que exigem interação direta com sensores, motores e outros dispositivos eletrônicos.

Baixo custo: Os kits de desenvolvimento Arduino são geralmente mais baratos em comparação com o Raspberry Pi, tornando-os uma escolha econômica para projetos simples ou em grande escala.

Raspberry Pi:

O Raspberry Pi, por outro lado, é um computador de placa única (SBC) que oferece recursos de computação completos em um pequeno pacote. Aqui estão algumas características do Raspberry Pi:

Potência de computação: O Raspberry Pi é essencialmente um computador Linux completo, capaz de executar uma variedade de sistemas operacionais e aplicativos. Isso o torna adequado para uma ampla gama de projetos, desde servidores domésticos até centros de mídia e consoles de jogos retro.

Versatilidade: Além de suas capacidades de computação, o Raspberry Pi possui portas GPIO (General Purpose Input/Output), permitindo a interação com dispositivos eletrônicos externos, semelhante ao Arduino. Isso o torna uma escolha popular para projetos que requerem tanto capacidades de computação quanto controle de hardware.

Comunidade e suporte: Assim como o Arduino, o Raspberry Pi possui uma comunidade vasta e ativa, com uma infinidade de recursos online, tutoriais e projetos para ajudar os usuários em seu desenvolvimento.

Diferenças e Vantagens:

Propósito: O Arduino é mais adequado para projetos que exigem interação direta com hardware em tempo real, como controle de motores, sensores e dispositivos eletrônicos. Por outro lado, o Raspberry Pi brilha em projetos que exigem capacidades de computação mais avançadas, como servidores, centros de mídia e aplicativos de IoT mais complexos.

Custo vs. Potência: Enquanto o Arduino é mais acessível em termos de custo, o Raspberry Pi oferece mais potência de computação e recursos, o que pode ser essencial para certos tipos de projetos.

Complexidade: O Arduino é mais simples de usar e programar, tornando-o uma escolha popular para iniciantes. Por outro lado, o Raspberry Pi pode ser mais complexo de configurar, mas oferece mais flexibilidade e potência para usuários avançados.

Em resumo, a escolha entre Arduino e Raspberry Pi depende das necessidades específicas do projeto e das habilidades do usuário.
Ambas as plataformas têm seu lugar no mundo da eletrônica e da computação, e muitas vezes são usadas juntas em projetos que requerem tanto controle de hardware quanto capacidades de computação.

Comunicação na IoT

Protocolos de comunicação para IoT

Os protocolos de comunicação para IoT são essenciais para permitir a comunicação entre dispositivos e sistemas.

Aqui estão alguns dos protocolos de comunicação mais comuns usados em projetos de IoT:

1. MQTT (Message Queuing Telemetry Transport): é um protocolo de mensagens leve e eficiente que é usado para comunicação entre dispositivos conectados à Internet das Coisas. É amplamente utilizado para a troca de mensagens em tempo real e é especialmente adequado para dispositivos com recursos limitados, como sensores e dispositivos móveis.

2. CoAP (Constrained Application Protocol): é um protocolo de comunicação projetado para dispositivos com recursos limitados, como sensores, que usam redes IP (Internet Protocol) como a Internet das Coisas. É altamente eficiente e escalável, permitindo que dispositivos com recursos limitados se comuniquem com outros dispositivos e sistemas de forma confiável e segura.

3. HTTP (Hypertext Transfer Protocol): é o protocolo de comunicação padrão da web e é usado para transferência de dados entre servidores e

navegadores da web. Embora não seja especificamente projetado para IoT, é amplamente utilizado em dispositivos inteligentes e pode ser usado para enviar dados de um dispositivo para outro ou para um servidor remoto.

4. WebSocket: é um protocolo de comunicação bidirecional que permite a comunicação em tempo real entre servidores e clientes. É frequentemente usado em aplicativos da web, mas também é adequado para aplicativos de IoT que exigem comunicação em tempo real.

Existem muitos outros protocolos de comunicação disponíveis para IoT, e a escolha do protocolo dependerá do tipo de dispositivo, da rede e das necessidades específicas do projeto.

É importante escolher um protocolo que seja adequado para as necessidades do projeto e que possa ser facilmente integrado com outros dispositivos e sistemas.

Principais Protocolos de Comunicação Sem Fio

Os protocolos de comunicação sem fio desempenham um papel fundamental na conectividade de dispositivos em redes locais e de longa distância.

Abaixo, destacamos os principais protocolos em duas categorias: comunicação de curto alcance e comunicação de longo alcance.

Comunicação de Curto Alcance:

ANT+: Protocolo proprietário desenvolvido pela Garmin para comunicação entre dispositivos de fitness, como monitores cardíacos e sensores de velocidade.

Bluetooth Smart (BLE): Versão de baixo consumo de energia do Bluetooth, amplamente utilizada em dispositivos IoT, dispositivos de áudio sem fio e rastreadores de atividade.

ZigBee: Protocolo de baixo consumo de energia e alta eficiência para redes de sensores sem fio e controle remoto.

WiFi: Protocolo de comunicação de curto alcance de alta velocidade amplamente utilizado em redes locais sem fio para conexão à internet e comunicação entre dispositivos.

NFC (Near Field Communication): Tecnologia de curto alcance usada para pagamentos móveis, troca de informações entre dispositivos próximos e autenticação de tags.

EnOcean: Protocolo de comunicação sem fio baseado em energia cinética, usado em sistemas de automação residencial e comercial.

Wireless HART: Extensão sem fio do protocolo HART (Highway Addressable Remote Transducer), comumente usado em aplicações industriais de monitoramento e controle.

Z-Wave: Protocolo de comunicação sem fio otimizado para automação residencial e IoT, com baixo consumo de energia e alta confiabilidade.

6LoWPAN: Protocolo de comunicação IPv6 sobre redes de área pessoal de baixo consumo de energia, comumente usado em redes de sensores sem fio.

Comunicação de Longo Alcance:

Celular: Protocolos de comunicação de celular padrão, como GSM (2G) e 4G/LTE (4G), usados em redes de telefonia móvel em todo o mundo.

LoRa (LoRaWAN): Protocolo de comunicação de longo alcance e baixo consumo de energia para redes IoT, conhecido por sua cobertura estendida e eficiência energética.

Ingenu: Protocolo de comunicação de baixa potência para IoT, oferecendo cobertura ampla e eficiência energética em ambientes urbanos e industriais.

WiMAX: Tecnologia de comunicação sem fio de longa distância, fornecendo conectividade de banda larga em áreas urbanas e rurais.

Os principais protocolos de comunicação sem fio incluem Wi-Fi (802.11), Bluetooth, NFC (Near Field Communication) e Zigbee.

O Wi-Fi oferece conectividade de rede de área local sem fio, enquanto o Bluetooth é comumente usado para conexões de curto alcance entre dispositivos, como fones de ouvido e smartphones.

O NFC permite comunicações próximas para transferência de dados entre dispositivos compatíveis, enquanto o

Zigbee é usado principalmente em redes de sensores sem fio de baixa potência.

Esses protocolos desempenham papéis cruciais na conectividade sem fio em uma variedade de aplicações, desde dispositivos domésticos inteligentes até sistemas industriais complexos.

Redes de comunicação para IoT

As redes de comunicação são um componente crítico da IoT, pois permitem que os dispositivos se comuniquem entre si e com outros sistemas de forma eficiente e confiável.

Aqui estão alguns exemplos de redes de comunicação usadas em projetos de IoT:

1. Wi-Fi: é uma rede de comunicação sem fio comum que permite a conexão de dispositivos a uma rede local. É amplamente utilizado em dispositivos domésticos inteligentes, como lâmpadas inteligentes, termostatos e câmeras de segurança.

2. Bluetooth: é uma tecnologia de comunicação sem fio de curto alcance que permite a conexão de dispositivos próximos. É amplamente utilizado em dispositivos de monitoramento de saúde, como medidores de pressão arterial e glicose.

3. Zigbee: é uma rede de comunicação sem fio de baixa potência e alta eficiência energética que é amplamente utilizada em dispositivos domésticos inteligentes. É particularmente útil para dispositivos que exigem comunicação frequente e

que estão localizados em áreas onde a cobertura de Wi-Fi é limitada.

4. LoRaWAN: é uma rede de comunicação de longa distância e baixa potência que é amplamente utilizada em projetos de IoT que exigem comunicação entre dispositivos em grandes áreas geográficas, como redes de sensores agrícolas ou de monitoramento ambiental.

5. NB-IoT: é uma rede de comunicação de baixa potência e baixa largura de banda que é projetada especificamente para dispositivos IoT. É adequada para dispositivos que exigem comunicação frequente, como sensores de monitoramento de tráfego.

6. Sigfox: é uma rede de comunicação de baixa potência e longa distância que é adequada para dispositivos que exigem baixo consumo de energia e transmissão de pequenos volumes de dados, como rastreamento de ativos ou sensores de medição de nível.

A escolha da rede de comunicação dependerá das necessidades específicas do projeto, como a distância entre os dispositivos, a quantidade de dados a ser transmitida, a eficiência energética necessária e a cobertura de rede disponível.

É importante escolher uma rede de comunicação que seja adequada para as necessidades do projeto e que possa ser facilmente integrada com outros dispositivos e sistemas.

Redes: Uma Visão Geral

As redes desempenham um papel fundamental na conectividade global e na comunicação entre dispositivos, sistemas e pessoas em todo o mundo.

Abaixo, fornecemos uma visão geral dos principais tópicos relacionados às redes, juntamente com uma lista de alguns dos principais provedores de serviços de Internet em diferentes regiões do mundo.

Tópicos de Rede:

1. Redes: As redes formam a infraestrutura que permite a comunicação e o compartilhamento de informações entre dispositivos e sistemas conectados.

2. Levantamento dos principais provedores: Uma análise dos principais provedores de serviços de Internet em várias regiões do mundo.

3. Terminologia e topologias de rede: Exploração dos termos e estruturas comuns usados na construção e configuração de redes, incluindo topologias de rede como estrela, anel e malha.

4. Virtualização de Funções de Rede (NFV): Introdução ao conceito de NFV, que permite a virtualização de funções de rede em hardware de propósito geral.

5. Redes Definidas por Software (SDN): Uma visão geral das SDNs, que permitem a programação e o

controle centralizados da rede, separando o plano de controle do plano de dados.

Provedores de Serviços de Internet:

Estados Unidos:

AT&T

Verizon

Comcast

Time Warner

Charter

Century Link

CableVision

Cox

SuddenLink

CableOne

Frontier Communications

Europa:

Vodafone

Tele Columbus

TIM

Infostrada

Ono

Altibox

Virgin Media

Índia:

BSNL (Backbone Nacional de Internet)

Excel Broadband

Tata Teleservices

Hathaway

YOU Broadband

ACT Broadband

Beam Fiber

Micronova Network Solutions

China:

China Mobile

China Netcom

China Telecom

Principais Provedores Mundiais de Serviços de Internet:

Coreia do Sul: HelloVision

Japão: NTT East

Hong Kong: Hong Kong Broadband Network

França: Orange

Letônia: Balti-Com

Romênia: Madnet

Irlanda: Vodafone

República Tcheca: UPC

Principais Players Mundiais no Mercado de IoT Celular:

Qualcomm Inc. (EUA)

Gemalto N.V. (Holanda)

Sierra Wireless (Canadá)

U-Blox Holding AG (Suíça)

MediaTek Inc. (Taiwan)

Telit Communications PLC (Reino Unido)

ZTE Corporation (China)

Mistbase (Suécia)

Sequans Communications (França)

CommSolid GmbH (Alemanha)

No Brasil, o mercado de serviços de Internet é altamente competitivo, com várias empresas líderes disputando a preferência dos consumidores. Provedores como Vivo, Claro, Oi, TIM e Sky oferecem uma ampla gama de serviços, desde internet fixa até pacotes de celular, com diferentes velocidades, coberturas e planos para atender às necessidades dos clientes.

No segmento de IoT celular, o Brasil está testemunhando um crescimento significativo, com empresas como Vivo, TIM, Claro, Oi e Embratel liderando a inovação nesse espaço. Essas empresas estão desenvolvendo soluções e serviços para atender à crescente demanda por conectividade em dispositivos IoT, abrangendo desde rastreamento de ativos até monitoramento remoto de infraestruturas.

Com a expansão da Internet das Coisas em diversos setores, como agricultura, indústria e saúde, espera-se que o mercado de IoT celular no Brasil continue a prosperar, impulsionado pela busca por eficiência, automação e inteligência em todo o país.

Os principais provedores de serviços de Internet no Brasil incluem:

Vivo

Claro

Oi

TIM

Sky

Os principais players no mercado de IoT celular no Brasil são:

Vivo

TIM

Claro

Oi

Embratel

Terminologia de Rede e Topologia de Rede

"Terminologia de Rede" refere-se ao conjunto de termos e conceitos utilizados para descrever e entender sistemas de comunicação de dados, como a internet e redes de computador.

As redes de computadores são fundamentais para a comunicação e o compartilhamento de informações entre dispositivos e sistemas conectados.

Abaixo, exploramos alguns termos-chave relacionados à terminologia de rede:

1. Comutação Store and Forward:

Originária da era pré-computadores, era comumente usada em equipamentos de teleimpressão ponto a ponto.

Os dados eram armazenados em fitas de papel perfuradas e lidos pelos humanos antes de serem encaminhados ao destinatário.

Na utilização moderna, um pacote inteiro é recebido, verificado quanto a erros e então encaminhado.

Usada em aplicações tolerantes a atrasos ou onde a comunicação intermitente é aceitável, mas não aplicável a sistemas em tempo real.

2. Comutação Cut Through:

Um switch começa a encaminhar um pacote assim que o endereço de destino é recebido.

Se a verificação de CRC no final do pacote falha, um marcador/símbolo é configurado para indicar o erro.

Reduz significativamente a latência e é aplicável a sistemas em tempo real.

3. DPI: Inspeção Profunda de Pacotes:

Examina o conteúdo de pacotes de dados que passam pela rede para identificar, classificar e controlar o tráfego de rede com base em políticas de segurança.

4. Modelo de Camadas TCP/IP:

Camada 1: Camada de Acesso à Rede, que define como os dados são fisicamente enviados.

Camada 2: Camada da Internet, que empacota os dados em datagramas e lida com endereços IP de origem e destino, além de roteamento.

Camada 3: Camada de Transporte, que possibilita a conversação entre dispositivos de origem e destino, definindo níveis de serviço e status de conexão.

Camada 4: Camada de Aplicação, que fornece APIs e protocolos para programas de aplicação.

5. MIMO: Múltipla Entrada, Múltipla Saída:

Tecnologia de comunicação sem fio que utiliza múltiplas antenas para transmitir e receber dados, aumentando a eficiência espectral e a taxa de transferência.

6. M2M: Comunicação Máquina-a-Máquina:

Comunicação entre dispositivos sem a necessidade de intervenção humana, muitas vezes usando tecnologias como Bluetooth.

7. IoT ou IIoT: Internet das Coisas ou Internet Industrial das Coisas:

Comunicação baseada em TCP/IP que conecta dispositivos inteligentes para coleta e troca de dados em ambientes domésticos, industriais e urbanos.

"Topologias de rede" referem-se aos diferentes arranjos físicos e lógicos dos dispositivos em uma rede de computadores, como estrela, anel, barramento, malha e árvore, que influenciam a comunicação e a eficiência da rede.

Topologia Física: Refere-se à disposição física dos dispositivos e à forma como estão conectados, influenciada pelo controle, tolerância a falhas e custo.

Topologia Lógica: Refere-se à forma como os dados são transmitidos através da rede de um nó para outro, independentemente da configuração física.

Redes Definidas por Software (SDN)

As Redes Definidas por Software (SDN) representam uma abordagem inovadora para a gestão e controle de redes de computadores.

Abaixo, apresentamos uma visão geral dessa tecnologia revolucionária:

O que são Redes Definidas por Software (SDN)?

As SDNs são uma abordagem de arquitetura de rede que separa o plano de controle do plano de dados.

Isso significa que as decisões de roteamento e controle de tráfego são centralizadas e programáveis, enquanto o encaminhamento de dados é feito por dispositivos de rede tradicionais.

Princípios Fundamentais:

Divisão de Funções: As SDNs dividem as funções de rede em controle e dados, permitindo que a lógica de controle seja centralizada em um controlador SDN.

Centralização do Controle: O controle da rede é centralizado em um controlador SDN, que toma decisões de roteamento com base em políticas programáveis.

Abstração da Infraestrutura: Os dispositivos de rede física são abstraídos e gerenciados de forma centralizada por meio de interfaces de programação.

Programabilidade: A capacidade de programar o comportamento da rede por meio de interfaces de programação (APIs) permite uma gestão flexível e adaptável da rede.

Componentes Principais:

Controlador SDN: O coração de uma SDN, responsável por gerenciar a lógica de controle da rede.

Dispositivos de Rede Programáveis: Roteadores e switches que suportam protocolos abertos e podem ser controlados remotamente pelo controlador SDN.

Interfaces de Programação (APIs): Permitem que aplicativos externos comuniquem-se com o controlador SDN para controlar e gerenciar a rede.

Benefícios das SDNs:

Agilidade e Flexibilidade: A capacidade de programar e automatizar o comportamento da rede permite adaptações rápidas às mudanças nos requisitos de negócios.

Redução de Custos: A centralização do controle e a virtualização da infraestrutura de rede podem reduzir os custos operacionais e de capital.

Maior Escalabilidade: As SDNs permitem escalabilidade horizontal, facilitando a adição de novos dispositivos e serviços à rede.

Melhor Gerenciamento de Tráfego: O controle centralizado do tráfego permite uma gestão mais eficiente e granular do fluxo de dados na rede.

Aplicações das SDNs:

Data Centers: As SDNs são amplamente utilizadas em data centers para automatizar e otimizar a infraestrutura de rede.

Redes Corporativas: Permitem uma gestão mais eficiente e flexível de redes empresariais.

Provedores de Serviços de Internet: Facilitam a implantação e o gerenciamento de serviços de rede em grande escala.

As Redes Definidas por Software representam uma evolução significativa na gestão e controle de redes de computadores, oferecendo maior flexibilidade, escalabilidade e eficiência operacional.

Em suma, a compreensão da terminologia e das topologias de rede é essencial para projetar, implementar e manter sistemas de comunicação eficientes e confiáveis, que são fundamentais para o funcionamento adequado das redes de computadores modernas.

5G: A Evolução da Comunicação Celular

A quinta geração de tecnologia móvel, conhecida como 5G, representa um marco significativo na evolução da comunicação celular.

Com uma promessa de velocidades ultrarrápidas, latência ultra baixa e capacidade massiva de conexão, o 5G está destinado a transformar radicalmente a forma como interagimos com a tecnologia e nos comunicamos.

Abaixo estão alguns dos principais aspectos e benefícios do 5G:

1. Velocidade Excepcional:

O 5G oferece velocidades de dados significativamente mais rápidas em comparação com as gerações anteriores de tecnologia celular. Essa velocidade pode variar de centenas de megabits por segundo (Mbps) a vários gigabits por segundo (Gbps), permitindo downloads e uploads quase instantâneos de grandes arquivos, streaming de vídeo em alta resolução e experiências de jogo imersivas.

2. Latência Ultrabaixa:

A latência é o tempo que leva para os dados percorrerem a rede de um dispositivo para outro. Com o 5G, espera-se que a latência seja reduzida para menos de um milissegundo, tornando as comunicações praticamente em tempo real. Isso é essencial para aplicativos sensíveis à latência, como jogos online, cirurgias remotas, carros autônomos e automação industrial.

3. Capacidade Massiva de Conexão:

O 5G é projetado para suportar um número significativamente maior de dispositivos conectados simultaneamente em comparação com as gerações anteriores. Isso é possível graças à tecnologia de espectro dinâmico e técnicas avançadas de modulação. A capacidade massiva de conexão do 5G é fundamental para habilitar a Internet das Coisas (IoT) em larga escala e a implantação de cidades inteligentes.

4. Aplicações Transformadoras:

O 5G tem o potencial de impulsionar uma série de inovações e aplicações transformadoras em várias áreas, incluindo saúde, transporte, manufatura, entretenimento e educação. Por exemplo, cirurgias remotas de alta precisão, realidade aumentada em tempo real, veículos autônomos coordenados e fábricas inteligentes altamente automatizadas são apenas algumas das possibilidades habilitadas pelo 5G.

5. Desafios e Implantação:

Apesar de suas promessas, a implantação do 5G enfrenta desafios significativos, incluindo a necessidade de infraestrutura de rede densa, questões de segurança cibernética e preocupações com a privacidade dos dados. Além disso, a disponibilidade do espectro de frequência e os altos custos de implantação também são considerações importantes para os provedores de serviços de comunicação.

O 5G representa a próxima evolução da comunicação celular, prometendo velocidades ultra-rápidas, menor latência e maior capacidade de conexão.

Essa tecnologia revolucionária facilita uma variedade de inovações, desde carros autônomos até a Internet das Coisas (IoT), transformando fundamentalmente a maneira como interagimos com o mundo digital.

Com taxas de transferência de dados significativamente mais altas do que seu antecessor, o 4G, o 5G suporta uma gama mais ampla de aplicativos e serviços, impulsionando a conectividade global e possibilitando avanços em áreas como saúde, transporte e entretenimento. É uma peça fundamental na construção de uma sociedade mais conectada e inteligente.

LoRaWAN: Uma Visão Geral da Tecnologia de Rede Sem Fio de Longo Alcance

Aqui está uma visão detalhada dessa tecnologia inovadora:

1. Tecnologia e Topologia:

LoRaWAN utiliza a modulação LoRa (Long Range), uma técnica de modulação de espectro espalhado que permite a transmissão de sinais em longas distâncias com baixa potência. A topologia de rede mais comum é a estrela, onde os dispositivos finais se comunicam com uma estação base centralizada, chamada de gateway.

2. Alcance e Cobertura:

Uma das características mais distintivas do LoRaWAN é seu alcance excepcionalmente longo. Em condições ideais, os dispositivos LoRa podem comunicar-se a distâncias de vários quilômetros, tornando-os ideais para implantações em áreas rurais ou urbanas dispersas. A cobertura estendida do LoRaWAN permite conectar dispositivos em locais remotos onde a infraestrutura de rede tradicional pode ser limitada.

3. Velocidade de Dados:

A velocidade de dados do LoRaWAN varia dependendo das condições de uso e da configuração da rede. Geralmente, as taxas de transferência de dados podem variar de 0,3 a 50 kilobits por segundo (Kbps). Embora isso possa parecer relativamente baixo em comparação com tecnologias de banda larga, é suficiente para muitas aplicações de Internet das Coisas (IoT), que geralmente envolvem o envio de pequenas quantidades de dados em intervalos espaçados.

4. Eficiência Energética:

LoRaWAN é altamente eficiente em termos de consumo de energia, o que o torna adequado para dispositivos alimentados por bateria com vida útil prolongada. Os dispositivos LoRa podem operar por anos com uma única carga de bateria, tornando-os ideais para aplicações de monitoramento remoto, rastreamento de ativos e sensores ambientais.

5. Aplicações e Casos de Uso:

LoRaWAN é amplamente utilizado em uma variedade de aplicações de IoT, incluindo monitoramento agrícola, gerenciamento de resíduos, monitoramento ambiental, medição inteligente de energia, monitoramento de saúde e muito mais. Sua capacidade de conectar dispositivos em longas distâncias e em áreas de difícil acesso torna-o uma escolha popular para casos de uso em ambientes urbanos e rurais.

6. Desafios e Considerações:

Embora o LoRaWAN ofereça muitos benefícios, ele também enfrenta desafios, como questões de segurança, gerenciamento de interferências de rádio e limitações de largura de banda. Além disso, a cobertura e a capacidade da rede podem variar dependendo das condições geográficas e ambientais.

O LoRaWAN continua a ganhar destaque como uma tecnologia essencial para a construção de redes de IoT escaláveis, eficientes e economicamente viáveis, preparando o caminho para a transformação digital em uma variedade de setores.

Compatível com diversos dispositivos e aplicações, LoRaWAN é ideal para implementações em smart cities, agricultura inteligente e indústria 4.0. Sua arquitetura descentralizada permite uma cobertura robusta e escalável, enquanto a criptografia de ponta a ponta garante a segurança dos dados. LoRaWAN está se tornando uma escolha popular para empresas que buscam soluções eficientes e confiáveis de IoT.

Ingenu: Uma Visão Geral da Tecnologia de Rede Sem Fio de Longo Alcance

ngenu oferece tecnologia de rede sem fio de longo alcance, permitindo comunicações eficazes e econômicas para aplicações IoT. Utilizando o protocolo Random Phase Multiple Access (RPMA), garante cobertura ampla e confiável, penetrando obstáculos urbanos e rurais.

Sua eficiência espectral e baixo consumo de energia o tornam ideal para ambientes industriais e urbanos. Ao fornecer uma solução robusta e de baixa manutenção, a Ingenu simplifica a implantação e gerenciamento de redes IoT em larga escala.

Sua abordagem única promete revolucionar a conectividade em setores como utilities, agricultura, logística e monitoramento ambiental.

Ingenu é uma empresa líder no fornecimento de soluções de rede sem fio dedicadas à Internet das Coisas (IoT), com foco em oferecer conectividade confiável, escalável e de baixo consumo de energia. Aqui está uma visão detalhada dessa tecnologia inovadora:

1. Tecnologia e Topologia:

A tecnologia da Ingenu é baseada em sua própria plataforma de rede, conhecida como Random Phase Multiple Access (RPMA). Esta tecnologia utiliza a modulação de espectro espalhado para fornecer comunicações de longo alcance em uma topologia de rede estrela. Na topologia estrela, dispositivos finais se comunicam com uma estação base centralizada, chamada de Access Point (AP).

2. Alcance e Cobertura:

Uma das características mais marcantes da tecnologia Ingenu é seu alcance excepcionalmente longo. Com alcance de até 50 quilômetros em condições ideais, a rede Ingenu pode cobrir vastas áreas geográficas com um número relativamente pequeno de torres de comunicação. Por exemplo, em Dallas/Fort Worth, apenas 17 torres cobrem uma área de 2000 milhas quadradas.

3. Velocidade de Dados:

A tecnologia Ingenu é projetada para atender a aplicativos com "baixa necessidade de dados", priorizando a eficiência de energia e a confiabilidade da conexão em vez da velocidade de transferência de dados. Isso a torna ideal para casos de uso que envolvem o envio de pequenas quantidades de dados a intervalos espaçados, como monitoramento de ativos, telemetria e medições ambientais.

4. Eficiência Energética:

Assim como outras tecnologias de IoT de longo alcance, a plataforma Ingenu é altamente eficiente em termos de consumo de energia. Os dispositivos finais podem operar por longos períodos com uma única carga de bateria, tornando-os adequados para implantações em locais remotos ou de difícil acesso, onde a manutenção frequente não é prática.

5. Aplicações e Casos de Uso:

A tecnologia Ingenu é amplamente utilizada em uma variedade de aplicações de IoT, incluindo monitoramento de infraestrutura, gestão de ativos, agricultura inteligente, cidades inteligentes e muito mais. Sua capacidade de fornecer conectividade confiável em áreas geograficamente dispersas a torna uma escolha popular para empresas que buscam implementar soluções de IoT escaláveis e de baixo custo.

6. Desafios e Considerações:

Embora a tecnologia Ingenu ofereça muitos benefícios, como alcance estendido e eficiência energética, ela também enfrenta desafios, como limitações de largura de banda e velocidades de dados mais baixas em comparação com outras tecnologias de conectividade sem fio. Além disso, a cobertura da rede pode variar dependendo das condições geográficas e ambientais.

Em resumo, a tecnologia Ingenu continua a desempenhar um papel significativo na expansão da Internet das Coisas, oferecendo uma solução robusta e econômica para conectar uma ampla gama de dispositivos em escala global.

WiMAX: Expandindo o Alcance da Conectividade de Banda Larga

WiMAX, que significa Worldwide Interoperability for Microwave Access, é uma tecnologia de comunicação sem fio projetada para fornecer acesso de banda larga em áreas metropolitanas e rurais, especialmente em regiões onde a infraestrutura de rede fixa é limitada. Aqui está uma visão detalhada dessa tecnologia inovadora:

1. Descrição e Objetivo:

WiMAX é uma tecnologia de acesso sem fio baseada no padrão IEEE 802.16, destinada a fornecer conectividade de "última milha" para usuários finais. Ele permite a transmissão de dados de alta velocidade sobre longas distâncias usando ondas de rádio, preenchendo a lacuna entre as redes de acesso fixo e móvel.

2. Topologia da Rede:

Uma característica importante do WiMAX é sua capacidade de suportar topologias de rede mesh, onde múltiplos nós de rede se comunicam uns com os outros para estender o alcance da cobertura e aumentar a confiabilidade da conexão. Isso é especialmente útil em áreas onde a instalação de infraestrutura de rede fixa é impraticável.

3. Faixa de Frequência e Alcance:

O WiMAX opera em uma faixa de frequência que varia de 2 a 60 GHz, dependendo do país e das regulamentações locais. Em termos de alcance, a tecnologia WiMAX é capaz de fornecer conectividade em distâncias de até 10 quilômetros a partir de uma estação base, tornando-a ideal para áreas urbanas e rurais.

4. Velocidade de Dados:

Em condições ideais e com o uso de antenas apropriadas, o WiMAX pode oferecer velocidades de dados de até cerca de 70 Mbps, tornando-o adequado para aplicativos que exigem largura de banda significativa, como streaming de vídeo, videoconferência e acesso à Internet de alta velocidade.

5. Aplicações e Casos de Uso:

O WiMAX é amplamente utilizado em uma variedade de cenários, incluindo acesso à Internet sem fio em áreas urbanas, acesso à Internet rural, serviços de emergência, vigilância por vídeo, comunicações de missão crítica e muito mais. Sua capacidade de fornecer conectividade confiável em longas distâncias o torna uma escolha popular para provedores de serviços de telecomunicações e empresas de infraestrutura de rede.

6. Desafios e Considerações:

Apesar de suas vantagens, o WiMAX enfrenta desafios, como competição com outras tecnologias de banda larga sem fio, limitações de largura de banda em comparação com tecnologias como LTE e 5G, e questões de interoperabilidade entre diferentes implementações do padrão.

7. Futuro da Tecnologia:

Embora o WiMAX tenha sido amplamente adotado em certas regiões e aplicativos, seu uso diminuiu em alguns lugares devido ao avanço de tecnologias concorrentes, como LTE e 5G. No entanto, continua a desempenhar um papel importante em áreas onde a implantação de infraestrutura fixa é desafiadora ou economicamente inviável.

Em suma, o WiMAX continua a ser uma tecnologia relevante e útil para fornecer acesso à Internet de banda larga em áreas onde outras opções podem não estar disponíveis ou serem impraticáveis. Ao permitir o acesso à Internet em áreas anteriormente isoladas, o WiMAX desempenha um papel crucial na redução da exclusão digital e no avanço da conectividade global.

Gateways e roteadores para IoT

Gateways e roteadores são componentes importantes em uma arquitetura de IoT, pois permitem a comunicação entre dispositivos IoT e outros sistemas e redes.

Aqui estão algumas informações básicas sobre gateways e roteadores para IoT:

1. Gateway: um gateway é um dispositivo que permite a comunicação entre diferentes redes ou protocolos. Em uma arquitetura de IoT, um gateway é usado para conectar dispositivos IoT a outras redes, como a Internet ou uma rede local. O gateway pode traduzir diferentes protocolos de comunicação usados pelos dispositivos IoT para permitir a comunicação com outros sistemas. Um gateway também pode executar tarefas de processamento local, como filtragem de dados, para reduzir a carga nos sistemas remotos.

2. Roteador: um roteador é um dispositivo que encaminha pacotes de dados entre diferentes redes. Em uma arquitetura de IoT, um roteador pode ser usado para conectar dispositivos IoT a uma rede local, como uma rede Wi-Fi. O roteador pode ser configurado para garantir que os dispositivos IoT tenham acesso a recursos de rede, como servidores e sistemas remotos, e para gerenciar o tráfego de rede para garantir a eficiência da comunicação.

3. Gateway LoRaWAN: é um tipo especializado de gateway que é usado em redes LoRaWAN para

permitir a comunicação entre dispositivos IoT e a rede LoRaWAN. O gateway LoRaWAN é responsável por receber os dados dos dispositivos LoRaWAN e enviá-los para a rede, e também por receber os dados da rede e enviá-los de volta para os dispositivos.

4. Gateway MQTT: é um tipo especializado de gateway que é usado para conectar dispositivos IoT a uma rede MQTT. O gateway MQTT permite a comunicação em tempo real entre dispositivos IoT e outros sistemas usando o protocolo MQTT.

A escolha do gateway ou roteador dependerá das necessidades específicas do projeto, como o tipo de rede usada, o número e tipo de dispositivos IoT conectados e os recursos disponíveis.

É importante escolher um gateway ou roteador que seja adequado para as necessidades do projeto e que possa ser facilmente integrado com outros dispositivos e sistemas.

Desdobramento do Mercado de Software na Internet das Coisas (IoT)

No mercado de software para a Internet das Coisas (IoT), uma variedade de soluções são desenvolvidas para atender às necessidades específicas das empresas e consumidores. Vamos explorar os diferentes segmentos desse mercado em detalhes:

1. Análise em Tempo Real:

Esta categoria de software é projetada para processar e analisar dados em tempo real à medida que são gerados pelos dispositivos conectados. A análise em tempo real permite identificar insights e padrões rapidamente, possibilitando tomadas de decisão ágeis e respostas imediatas a eventos em tempo real.

2. Gerenciamento de Largura de Banda de Rede:

O software de gerenciamento de largura de banda de rede é essencial para otimizar o desempenho da rede IoT, garantindo que os recursos de rede sejam alocados de forma eficiente e priorizando o tráfego crítico. Isso ajuda a evitar congestionamentos e a maximizar a largura de banda disponível para aplicações importantes.

3. Monitoramento Remoto:

O software de monitoramento remoto permite que os usuários monitorem e controlem dispositivos IoT de forma remota, independentemente de sua localização física. Isso oferece maior visibilidade e controle sobre os dispositivos conectados, facilitando a detecção precoce de problemas e a implementação de medidas corretivas de forma remota.

4. Segurança:

A segurança é uma preocupação fundamental na IoT, e o software de segurança é projetado para proteger os dispositivos, dados e redes contra ameaças cibernéticas. Isso inclui recursos como criptografia de dados, autenticação de usuários, detecção de intrusos e gerenciamento de chaves, garantindo a confidencialidade, integridade e disponibilidade dos recursos de IoT.

5. Gerenciamento de Dados (Big Data):

O gerenciamento de dados é essencial para lidar com a enorme quantidade de dados gerados pela IoT. O software de gerenciamento de dados é projetado para armazenar, processar e analisar grandes volumes de dados de forma eficiente, permitindo que as organizações extraiam insights valiosos e tomem decisões informadas com base nos dados coletados.

No mercado de software para IoT, as soluções são desenvolvidas para atender a uma variedade de necessidades, desde análise em tempo real até segurança cibernética e gerenciamento de dados. Ao escolher as soluções certas para suas necessidades específicas, as empresas podem maximizar o valor de seus investimentos em IoT e impulsionar a inovação em seus produtos e serviços.

Análise em Tempo Real de Streaming: Capacitando Tomadas de Decisão Ágeis

À medida que as organizações enfrentam desafios crescentes em suas operações diárias, a necessidade de soluções avançadas de TI se torna cada vez mais evidente.

Uma enorme quantidade de dados é gerada por meio de dispositivos inteligentes e conectados, abrangendo várias aplicações em diferentes setores industriais.

Esses dados têm o potencial de serem transformados em informações cruciais e insights valiosos por meio da análise de dados, impulsionando eficiência, produtividade e lucratividade para as organizações. Soluções avançadas, como a análise em tempo real de streaming, têm revolucionado a gestão convencional, tornando-a baseada em fatos e orientada para decisões.

Além disso, a análise em tempo real de streaming é capaz de detectar anomalias nos dados em tempo real e acionar alertas quando ocorre um erro.

Isso auxilia as organizações na tomada de decisões rápidas, na retenção de clientes e na adoção de medidas adequadas relacionadas aos negócios em tempo real.

Compreendendo a crescente importância dessa tecnologia, empresas líderes como Microsoft Corporation, SAP SE, Amazon Web Services e IBM Corporation desenvolveram soluções de análise em tempo real para IoT.

Investimentos significativos em soluções baseadas em nuvem e a alta penetração da internet estão impulsionando o crescimento desse mercado de forma substancial.

Em resumo, a análise em tempo real de streaming desempenha um papel fundamental ao capacitar as organizações a extrair insights valiosos dos dados em tempo real, permitindo tomadas de decisão ágeis e eficazes. Essa tecnologia é essencial para impulsionar a inovação, melhorar a eficiência operacional e manter a competitividade em um ambiente empresarial dinâmico e em constante evolução.

Sistemas Operacionais: Escolhas Cruciais para a IoT

Na paisagem diversificada da Internet das Coisas (IoT), a seleção do sistema operacional adequado é fundamental para garantir o desempenho, segurança e escalabilidade dos dispositivos conectados.

Aqui estão algumas das principais opções de sistemas operacionais atualmente em destaque no cenário da IoT:

RIOT: Um sistema operacional de código aberto e altamente modular, projetado especificamente para dispositivos IoT de baixo consumo de energia e recursos limitados.

RIOT oferece suporte a uma ampla gama de arquiteturas de processadores e protocolos de comunicação, tornando-o uma escolha popular para dispositivos IoT em diversas aplicações.

Windows 10: O sistema operacional da Microsoft está se tornando cada vez mais relevante na IoT, oferecendo uma plataforma familiar para o desenvolvimento de aplicativos IoT baseados em Windows.

O Windows 10 IoT Core é uma versão enxuta do sistema operacional, projetada para dispositivos de baixo custo e recursos limitados, enquanto o Windows 10 IoT Enterprise oferece recursos mais avançados para dispositivos mais robustos.

VxWorks: Um sistema operacional em tempo real altamente confiável, utilizado em uma variedade de dispositivos críticos para missão, incluindo dispositivos médicos, automotivos e industriais.

VxWorks oferece recursos avançados de segurança, escalabilidade e determinismo, tornando-o uma escolha popular para aplicações que exigem alto desempenho e confiabilidade.

Google Brillo: Desenvolvido pelo Google, o Brillo é um sistema operacional baseado em Android, projetado especificamente para dispositivos IoT.

O Brillo oferece integração perfeita com o Google Cloud Platform e uma variedade de serviços do Google, simplificando o desenvolvimento e a implantação de dispositivos conectados.

ARM Mbed: Uma plataforma de desenvolvimento IoT abrangente que inclui um sistema operacional, serviços em nuvem e ferramentas de desenvolvimento.

O Mbed OS é otimizado para dispositivos baseados em microcontroladores ARM Cortex-M, oferecendo eficiência energética, conectividade e segurança para uma ampla gama de aplicações IoT.

Apple iOS e Mac OS X: Embora tradicionalmente associados aos dispositivos da Apple, o iOS e o Mac OS X estão sendo cada vez mais utilizados na IoT, especialmente em dispositivos domésticos inteligentes e automação residencial.

A robustez, segurança e integração com outros dispositivos da Apple tornam esses sistemas operacionais uma escolha atraente para desenvolvedores de IoT.

Mentor Graphics Nucleus RTOS: Um sistema operacional em tempo real altamente confiável e escalável, adequado para uma variedade de dispositivos embarcados, incluindo dispositivos IoT.

O Nucleus RTOS oferece recursos avançados de multitarefa, comunicação e gerenciamento de energia, atendendo aos requisitos exigentes de dispositivos conectados.

Greenhills Integrity: Um sistema operacional em tempo real com foco em segurança e confiabilidade, amplamente utilizado em dispositivos críticos para missão, incluindo sistemas militares, médicos e industriais.

O Integrity oferece recursos avançados de segregação de tarefas, criptografia e gerenciamento de identidade, garantindo a integridade e a segurança dos sistemas IoT.

Na era da Internet das Coisas (IoT), a escolha do sistema operacional (SO) é crucial para o sucesso dos dispositivos conectados. Os SOs desempenham um papel fundamental na segurança, eficiência e interoperabilidade dos dispositivos IoT.

Opções como Linux, FreeRTOS e Zephyr oferecem flexibilidade e escalabilidade, enquanto SOs proprietários fornecem integração e suporte especializado. A seleção cuidadosa do SO pode determinar a capacidade de atualização remota, a proteção contra vulnerabilidades de segurança e a vida útil do dispositivo. Em um cenário onde a conectividade é onipresente, as escolhas de SO moldam o futuro da IoT.

Em conclusão, a escolha do sistema operacional certo é crucial para o sucesso dos projetos de IoT, e as opções mencionadas oferecem uma variedade de recursos e funcionalidades para atender às diversas necessidades e requisitos do mercado de IoT.

Considerações sobre Sistemas Operacionais Embarcados

Ao escolher um sistema operacional para dispositivos embarcados na Internet das Coisas (IoT), várias considerações são essenciais para garantir o desempenho, a segurança e a eficiência geral do sistema.

Aqui estão algumas considerações importantes a serem levadas em conta:

Desempenho em Tempo Real:

É necessária uma resposta em tempo real para as operações do dispositivo? Em muitos casos, especialmente em ambientes industriais e de automação, o desempenho em tempo real é crucial para garantir o funcionamento adequado do sistema.

Recursos de Hardware Disponíveis:

É importante avaliar os recursos de hardware disponíveis, como tamanho da memória, capacidade do processador, presença de Unidade de Gerenciamento de Memória (MMU) e outras capacidades específicas do hardware. Esses recursos afetarão diretamente a escolha do sistema operacional mais adequado.

Requisitos de Segurança:

A segurança é uma preocupação crítica em qualquer sistema IoT. É necessário avaliar os requisitos de segurança do dispositivo e escolher um sistema operacional que ofereça recursos robustos de segurança, como criptografia de dados, autenticação de dispositivos e gerenciamento de chaves.

Alimentação do Dispositivo:

Como o dispositivo será alimentado? Se for alimentado por bateria, a eficiência energética do sistema operacional é crucial para maximizar a vida útil da bateria e garantir a operação contínua do dispositivo.

Requisitos de Comunicação e Rede:

Os requisitos de comunicação e rede do dispositivo devem ser cuidadosamente considerados. Isso inclui a compatibilidade com diferentes protocolos de comunicação, como Wi-Fi, Bluetooth, Zigbee, LoRa e outros, bem como a capacidade de gerenciar conexões de rede de forma eficiente e segura.

Integração com Sistemas Corporativos:

O dispositivo precisa se integrar a sistemas corporativos mais amplos? Se sim, é importante escolher um sistema operacional que ofereça suporte a interfaces padrão e protocolos de comunicação comuns para facilitar a integração com sistemas empresariais existentes.

Ao considerar esses aspectos ao escolher um sistema operacional embarcado para dispositivos IoT, os desenvolvedores podem garantir uma implementação bem-sucedida e eficiente do sistema, atendendo às necessidades específicas do projeto e do ambiente operacional.

Utilizar um RTOS ou Não?

A escolha entre utilizar um Real-Time Operating System (RTOS) ou não depende das necessidades específicas do sistema embarcado em questão. Um RTOS é recomendado quando há requisitos estritos de tempo real, como em sistemas de controle industrial, dispositivos médicos ou automotivos.

Para aplicações menos críticas em termos de tempo, um sistema operacional convencional pode ser mais adequado, oferecendo maior flexibilidade de desenvolvimento e menor overhead. A decisão deve considerar fatores como complexidade, recursos disponíveis, custo e prazos de desenvolvimento.

No mundo embarcado, a questão de utilizar um Sistema Operacional em Tempo Real (RTOS) ou não é uma grande dúvida entre os engenheiros. As respostas encontradas online geralmente são opiniões tendenciosas sem métricas ou suporte científico do argumento.

Geralmente, elas afirmam as vantagens ou desvantagens sobre os sistemas clássicos de round-robin. A verdade é que os engenheiros preferem e gostam de evidências em vez de heurísticas. Vamos tentar responder a essa questão, assim como fiz para mim mesmo. Acredito que este pequeno guia ajudará a decidir se um RTOS vale o esforço ou não.

Não parece haver um parâmetro de engenharia específico que aponte se realmente precisamos de um RTOS ou não. Mas voltemos aos princípios de decisão. O que todos os sistemas tentam fazer? Compartilhar o recurso de tempo da CPU. Um RTOS é melhor em escalabilidade em relação aos outros sistemas não preemptivos? Na verdade, os sistemas em tempo real não se importam se são melhores ou mais rápidos. Eles se preocupam com respostas determinísticas.

Existe um princípio muito bom que nos ajuda de maneira geral com a escalabilidade. Isso é chamado de Abordagem Rate-Monotonic (RMA). Este método analisa um sistema para verificar se é possível agendar suas tarefas.

Os inputs são vários parâmetros como período de eventos, eventos esporádicos, prazos, etc. que ajudam a derivar matematicamente se o sistema é escalável. Esta abordagem funciona com esquemas de prioridade fixa e com sistemas preemptivos ou não preemptivos.

Assim, a metodologia seria estimar o pior tempo de execução de cada tarefa, reunir todos os prazos, preencher as matrizes e obter um resultado se o sistema específico é escalável. Analisando os sistemas de round-robin primeiro, você tem uma ideia se isso funcionará ou se estressará o sistema.

A questão de colocar um RTOS ou não pode ser respondida principalmente dependendo da escalabilidade. Se o sistema puder ser agendado sem um RTOS com segurança, então você não precisa de um RTOS. Caso contrário, o RTOS é o caminho a seguir. Claro, pode haver outras razões para a decisão, como expansão futura, pilhas prontas para uso, etc., mas isso vai além dos princípios básicos de decisão. Você pode usar o método RMA para fornecer os critérios para sua decisão.

Armazenamento e processamento de dados na IoT

Bancos de dados para IoT

Armazenamento e processamento de dados são tópicos críticos na IoT, uma vez que os dispositivos IoT produzem uma quantidade enorme de dados em tempo real.

Aqui estão algumas informações básicas sobre armazenamento e processamento de dados na IoT:

1. Armazenamento de dados: o armazenamento de dados na IoT pode ser feito em diferentes níveis. Em alguns casos, os dados são armazenados nos próprios dispositivos IoT, como em memória flash ou cartões SD. Em outros casos, os dados são transmitidos para um servidor em nuvem para armazenamento e processamento posterior. Existem diferentes serviços de armazenamento em nuvem disponíveis, como o Amazon Web Services (AWS) ou o Microsoft Azure, que permitem o armazenamento de grandes quantidades de dados de IoT. Também é possível armazenar dados em um servidor local, como um servidor de banco de dados.

2. Processamento de dados: o processamento de dados é uma etapa crítica na IoT, pois permite que os dados coletados pelos dispositivos IoT sejam analisados e transformados em informações úteis. Existem diferentes técnicas de processamento de dados na IoT, como a análise em tempo real (real-time analytics) ou a análise pós-processamento

(batch processing). A análise em tempo real é usada para detectar anomalias ou padrões nos dados em tempo real, enquanto a análise pós-processamento é usada para análises mais complexas, que requerem mais recursos de processamento.

3. Edge computing: a edge computing é uma técnica de processamento de dados que envolve o processamento de dados no próprio dispositivo IoT, em vez de enviar os dados para um servidor em nuvem para processamento posterior. A edge computing pode reduzir a latência e o uso da largura de banda, o que pode ser útil em casos de uso em que a resposta rápida é necessária.

4. Armazenamento de dados em tempo real: em muitos casos de uso da IoT, a coleta e o armazenamento de dados em tempo real são necessários. Isso pode ser feito usando tecnologias de banco de dados em tempo real, como o Apache Kafka, que permite que os dados sejam transmitidos em tempo real para diferentes sistemas.

A escolha da técnica de armazenamento e processamento de dados dependerá das necessidades específicas do projeto, como a quantidade e a complexidade dos dados coletados, os requisitos de tempo real e os recursos disponíveis.

É importante escolher uma técnica de armazenamento e processamento de dados que seja adequada para as necessidades do projeto e que possa ser facilmente integrada com outros dispositivos e sistemas.

Processamento de dados em tempo real para IoT

O processamento de dados em tempo real é um requisito comum na IoT, uma vez que os dispositivos IoT produzem grandes volumes de dados que precisam ser analisados rapidamente para permitir a tomada de decisões em tempo hábil.

Uma tecnologia comumente usada para lidar com o processamento de dados em tempo real na IoT é o Apache Kafka.

O Apache Kafka é uma plataforma de streaming distribuída que é projetada para lidar com grandes volumes de dados em tempo real. Ele fornece uma estrutura para a transmissão de dados em tempo real de uma fonte para outra, permitindo que as organizações coletem, processem e analisem grandes quantidades de dados em tempo real.

O Kafka opera em um modelo de pub/sub (publicação/assinatura) onde os produtores enviam dados para um tópico e os consumidores recebem dados de um tópico. O Kafka permite que os dados sejam processados de forma paralela, com vários consumidores consumindo dados de um tópico simultaneamente, tornando-o escalável para grandes volumes de dados.

O Apache Kafka é amplamente utilizado na IoT para lidar com o processamento de dados em tempo real. Por exemplo, sensores podem enviar dados para o Kafka e os dados podem ser processados em tempo real para monitorar condições ambientais, como temperatura ou umidade. O Kafka também é usado em aplicativos de análise de dados em tempo real para detectar anomalias ou padrões nos dados coletados.

Outra vantagem do Apache Kafka é que ele pode ser usado em conjunto com outras tecnologias, como o Spark ou o Hadoop, para processar e analisar dados.

Além disso, o Kafka pode ser facilmente integrado com outros sistemas de TI, tornando-o uma solução escalável e flexível para lidar com o processamento de dados em tempo real na IoT.

Cloud computing para IoT

Cloud computing é uma tecnologia chave para a IoT, pois permite que os dispositivos IoT armazenem e processem grandes quantidades de dados de forma escalável e flexível. Existem várias plataformas de nuvem para IoT disponíveis no mercado, incluindo a AWS IoT da Amazon e o Google Cloud IoT.

A AWS IoT é uma plataforma de nuvem para IoT que permite que os dispositivos IoT se conectem facilmente à nuvem e enviem dados para serem processados e armazenados. A plataforma da AWS IoT fornece uma variedade de serviços, incluindo a capacidade de gerenciar dispositivos, coletar e armazenar dados, processar dados em tempo real e analisar dados para insights.

A plataforma AWS IoT também inclui recursos avançados de segurança, como a capacidade de autenticar e autorizar dispositivos, criptografar dados em trânsito e armazenar dados criptografados. Além disso, a plataforma da AWS IoT é altamente escalável, permitindo que as organizações cresçam seus projetos de IoT à medida que adicionam mais dispositivos e processam mais dados.

O Google Cloud IoT é outra plataforma de nuvem para IoT que oferece serviços semelhantes aos da AWS IoT. Ele permite que as organizações conectem dispositivos IoT à nuvem e processem dados de forma escalável e segura. A plataforma do Google Cloud IoT inclui recursos como gerenciamento de dispositivos, análise de dados, integração com outras ferramentas do Google Cloud e recursos avançados de segurança.

Além disso, o Google Cloud IoT também oferece suporte para várias linguagens de programação e protocolos de comunicação, tornando-o uma opção flexível para organizações que usam diferentes tipos de dispositivos IoT.

Em resumo, a AWS IoT e o Google Cloud IoT são duas das muitas opções de plataformas de nuvem para IoT disponíveis no mercado.

Ambas oferecem recursos avançados de gerenciamento de dispositivos, processamento de dados e segurança para permitir que as organizações construam e implementem projetos de IoT de forma escalável e segura.

Segurança na IoT

Conceitos básicos de segurança na IoT

A segurança é um aspecto crítico da IoT, pois muitos dispositivos IoT são capazes de coletar e armazenar dados sensíveis dos usuários, como informações pessoais, senhas e informações financeiras.

A seguir estão alguns conceitos básicos de segurança que são importantes para a IoT:

1. Autenticação: A autenticação é o processo de verificar a identidade de um usuário ou dispositivo. A autenticação adequada é importante para garantir que apenas usuários autorizados possam acessar dispositivos e dados.

2. Criptografia: A criptografia é o processo de codificar dados para que eles não possam ser lidos por terceiros não autorizados. A criptografia é importante para garantir que os dados sejam protegidos em trânsito e em repouso.

3. Gerenciamento de chaves: A criptografia geralmente envolve o uso de chaves, que são usadas para codificar e decodificar dados. O gerenciamento adequado de chaves é importante para garantir que as chaves não caiam nas mãos erradas.

4. Controle de acesso: O controle de acesso é o processo de limitar o acesso a dispositivos e dados somente a usuários autorizados. Isso é importante

para garantir que os dados e dispositivos IoT estejam protegidos contra acesso não autorizado.

5. Atualizações de segurança: Os dispositivos IoT geralmente precisam ser atualizados com patches de segurança para corrigir vulnerabilidades de segurança. É importante que os dispositivos IoT estejam sempre atualizados para garantir que as vulnerabilidades de segurança sejam corrigidas.

6. Testes de segurança: Os dispositivos IoT devem ser submetidos a testes regulares de segurança para identificar e corrigir vulnerabilidades. Os testes de segurança são importantes para garantir que os dispositivos IoT estejam protegidos contra ameaças de segurança.

Esses são apenas alguns conceitos básicos de segurança na IoT.

A segurança é um aspecto crítico da IoT e é importante que os usuários e desenvolvedores estejam cientes das melhores práticas de segurança para garantir que os dispositivos e dados IoT estejam protegidos contra ameaças de segurança.

Desafios de segurança na IoT

A IoT apresenta vários desafios de segurança, alguns dos quais incluem:

1. Grande número de dispositivos: A IoT envolve muitos dispositivos conectados à Internet, muitos dos quais têm pouca ou nenhuma segurança

embutida. Isso torna difícil gerenciar e proteger todos os dispositivos.

2. Heterogeneidade: A IoT envolve uma grande variedade de dispositivos, plataformas e protocolos de comunicação. Isso torna difícil padronizar a segurança e garantir que todos os dispositivos estejam protegidos de maneira adequada.

3. Dados pessoais sensíveis: Muitos dispositivos IoT coletam e armazenam dados pessoais sensíveis dos usuários, como informações médicas, financeiras e de localização. A exposição desses dados pode levar a problemas de privacidade e segurança.

4. Vulnerabilidades de software: Muitos dispositivos IoT usam software que pode conter vulnerabilidades de segurança. Essas vulnerabilidades podem ser exploradas por hackers para obter acesso não autorizado a dispositivos e dados.

5. Falta de padronização: A falta de padronização na IoT torna difícil garantir que todos os dispositivos estejam seguindo as mesmas melhores práticas de segurança. Isso pode levar a lacunas na segurança que podem ser exploradas por hackers.

6. Escalabilidade: A IoT está crescendo rapidamente, e a segurança precisa acompanhar esse crescimento. Isso significa que as soluções de segurança devem ser escaláveis e capazes de lidar com o grande volume de dispositivos e dados envolvidos.

Esses são apenas alguns dos desafios de segurança enfrentados pela IoT.

É importante que os desenvolvedores e usuários de dispositivos IoT estejam cientes desses desafios e tomem medidas para garantir que seus dispositivos e dados estejam protegidos contra ameaças de segurança.

Boas práticas de segurança na IoT

Algumas boas práticas de segurança que podem ser aplicadas na IoT incluem:

1. Atualização do firmware: Mantenha os dispositivos atualizados com as últimas correções de segurança e patches de firmware. Isso reduzirá o risco de vulnerabilidades conhecidas serem exploradas.

2. Autenticação forte: Use autenticação forte em todos os dispositivos IoT, como senhas fortes e autenticação de dois fatores. Isso ajudará a garantir que apenas usuários autorizados tenham acesso aos dispositivos e dados.

3. Criptografia: Use criptografia para proteger dados confidenciais, tanto em repouso quanto em trânsito. Isso tornará mais difícil para os hackers acessarem e manipularem dados.

4. Gerenciamento de chaves: Gerencie as chaves de criptografia de forma segura e atualize regularmente as chaves usadas para proteger os dados.

5. Firewall: Use firewalls para controlar o tráfego de rede entre dispositivos IoT e a Internet. Isso ajudará a impedir que hackers acessem os dispositivos ou interceptem dados.

6. Monitoramento de rede: Monitore a rede em busca de atividades suspeitas e eventos de segurança. Isso ajudará a identificar rapidamente possíveis ameaças e a tomar medidas preventivas.

7. Configuração segura: Configure os dispositivos IoT com configurações seguras, como desativar serviços desnecessários e alterar senhas padrão.

8. Controle de acesso: Defina políticas de controle de acesso para limitar o acesso a dispositivos e dados confidenciais apenas a usuários autorizados.

Essas são apenas algumas das boas práticas de segurança que podem ser aplicadas na IoT.

É importante avaliar regularmente a segurança dos dispositivos e dados da IoT e atualizar as medidas de segurança conforme necessário.

Segurança cibernética e a privacidade dos dados

A segurança cibernética e a privacidade dos dados são questões críticas na IoT devido ao grande volume de dados sensíveis que são coletados, processados e armazenados em dispositivos conectados.

A proteção desses dados é fundamental para garantir que a IoT seja confiável e segura para os usuários.

A segurança cibernética na IoT envolve a proteção contra ameaças cibernéticas, como ataques de hackers, malware e ataques de negação de serviço.

É importante que os dispositivos IoT sejam projetados com recursos de segurança, como autenticação forte, criptografia de dados, atualizações de segurança regulares e mecanismos de detecção de intrusão.

Além disso, a privacidade dos dados é uma preocupação importante na IoT, pois muitos dispositivos IoT coletam informações pessoais dos usuários, como localização, hábitos de consumo e saúde.

É importante que os usuários tenham controle sobre os dados que são coletados e compartilhados pelos dispositivos IoT e que as empresas adotem políticas claras de privacidade para proteger as informações pessoais dos usuários.

Em resumo, a segurança cibernética e a privacidade dos dados são fundamentais para a confiança e segurança da IoT. As empresas e os usuários devem estar cientes dessas questões e implementar medidas de segurança adequadas para garantir a proteção dos dados pessoais e a confiabilidade dos dispositivos IoT.

Segurança na Internet das Coisas (IoT): Protegendo Ativos e Dados Críticos

O alcance diversificado da Internet das Coisas (IoT) trouxe consigo uma série de ameaças à segurança que podem ter um impacto significativo nas organizações e indivíduos.

A proliferação de dispositivos conectados aumentou o risco de ataques cibernéticos, como malware e bots, representando uma ameaça séria à integridade dos dados financeiros e pessoais.

Em setores críticos como a rede elétrica inteligente e o transporte inteligente, um único ataque cibernético pode ter consequências devastadoras, podendo resultar em grandes prejuízos financeiros e até mesmo colocar vidas em perigo. Portanto, é imperativo implementar soluções abrangentes de segurança para proteger os ecossistemas de IoT.

As soluções de segurança para IoT abrangem várias áreas, incluindo segurança de aplicativos, segurança de dispositivos e segurança de rede. Essas medidas visam garantir a proteção contra violações de segurança, acesso não autorizado e manipulação de dados.

Empresas líderes como Cisco Systems e Symantec Corporation estão na vanguarda do desenvolvimento de soluções de segurança projetadas especificamente para proteger o ecossistema de IoT. Essas soluções incluem firewalls avançados, sistemas de detecção de intrusos, criptografia de dados e gerenciamento de identidade, proporcionando uma defesa robusta contra ameaças cibernéticas.

Além disso, a conscientização sobre segurança cibernética e a implementação de melhores práticas de segurança são essenciais para mitigar os riscos associados à IoT. Isso inclui a educação dos usuários finais sobre os perigos potenciais e a implementação de políticas de segurança rigorosas em todos os níveis da organização.

Em suma, a segurança na IoT é fundamental para proteger ativos e dados críticos contra ameaças cibernéticas em constante evolução. Ao adotar uma abordagem proativa para a segurança, as organizações podem garantir a integridade, confidencialidade e disponibilidade de seus sistemas de IoT, permitindo assim que aproveitem ao máximo os benefícios dessa tecnologia inovadora.

Cultivando uma Mentalidade de Segurança

Desenvolver uma mentalidade de segurança é fundamental para proteger sistemas e dados contra ameaças cibernéticas. Isso envolve não apenas implementar medidas de segurança técnicas, mas também adotar uma abordagem proativa e vigilante em relação à segurança da informação.

Abaixo estão alguns princípios-chave para cultivar uma mentalidade de segurança sólida:

Compreensão da Importância da Segurança: Reconheça que a segurança da informação é uma responsabilidade de todos os envolvidos em um sistema, desde desenvolvedores e administradores de sistemas até usuários finais.

Abordagem Holística: Aborde a segurança em todos os níveis e interfaces de um sistema, desde o design e desenvolvimento até a implementação e operações. Isso inclui considerar a segurança tanto em nível de software quanto de hardware.

Camadas de Defesa: Implemente várias camadas de defesa para tornar mais difícil para os atacantes penetrarem no sistema. Isso pode incluir firewalls, sistemas de detecção de intrusão, criptografia de dados e autenticação de usuários.

Conscientização sobre Criptografia: Compreenda a diferença entre criptografia simétrica e assimétrica, bem como os conceitos de Diffie-Hellman, hashes, MACs e esquemas de proteção de chaves. Criptografia é uma ferramenta fundamental para garantir a confidencialidade e a integridade dos dados.

Proteção de Chave: Implemente medidas robustas para proteger chaves de criptografia, incluindo o uso de hardware seguro, protocolos de troca de chaves seguras e práticas de gerenciamento de chaves adequadas.

Conscientização sobre Ataques Comuns: Esteja ciente de diferentes tipos de ataques, como ataques de homem-no-meio e ataques de repetição, e tome medidas para mitigar essas ameaças, como autenticação forte e uso de conexões seguras.

Conformidade com Padrões de Segurança: Esteja ciente das normas de segurança dos EUA, como o NIST (National Institute of Standards and Technology), e siga as diretrizes e melhores práticas estabelecidas por esses padrões.

Ao adotar uma mentalidade de segurança proativa e abrangente, você estará melhor preparado para enfrentar os desafios de segurança cibernética e proteger efetivamente os sistemas e dados contra ameaças potenciais.

Lembre-se sempre de que a segurança da informação é uma jornada contínua e requer constante vigilância e adaptação às novas ameaças e tecnologias emergentes.

Mercado profissional

O mercado profissional em IoT está em constante crescimento, com muitas oportunidades para estudantes e recém-formados que desejam seguir uma carreira nesta área.

Devido à sua natureza interdisciplinar, a IoT requer habilidades em diversas áreas, como ciência da computação, engenharia elétrica, engenharia de software, segurança cibernética, design de produtos, análise de dados, entre outras.

Os recém-formados e estudantes que desejam ingressar no mercado de IoT podem se beneficiar com a obtenção de certificações em segurança cibernética, cloud computing e análise de dados.

Além disso, é importante ter conhecimento em programação e desenvolvimento de software para dispositivos conectados e entender os princípios fundamentais de comunicação sem fio e tecnologias de rede.

As oportunidades de carreira em IoT incluem trabalhar com empresas de tecnologia, fabricantes de dispositivos, provedores de serviços de IoT e empresas que buscam implementar a IoT em seus negócios.

Algumas das funções comuns em IoT incluem engenheiro de software IoT, desenvolvedor de aplicativos para dispositivos conectados, especialista em segurança cibernética, arquiteto de soluções IoT e analista de dados IoT.

Em resumo, o mercado profissional em IoT oferece muitas oportunidades para estudantes e recém-formados que desejam seguir uma carreira nesta área.

É importante que os interessados em IoT busquem adquirir as habilidades necessárias e se mantenha atualizados com as últimas tendências e inovações em IoT para se destacar no mercado de trabalho.

Serviços Profissionais: Facilitando a Implementação e Manutenção de Sistemas de IoT

Os serviços profissionais abrangem uma variedade de serviços essenciais, incluindo implantação, integração, suporte e manutenção.

Algumas empresas podem não possuir a expertise necessária para gerenciar efetivamente a infraestrutura de tecnologia, portanto, optam por terceirizar esses serviços para empresas especializadas.

Esses serviços profissionais são essenciais durante e após a implementação de sistemas de IoT, abrangendo atividades como planejamento, design, consultoria e atualização.

As empresas que oferecem serviços profissionais possuem equipes de consultores e gerenciamento de projetos dedicadas, especializadas no design e entrega de software de suporte, ferramentas, serviços e expertise necessários para o sucesso dos projetos de IoT.

O crescimento do segmento de serviços profissionais é impulsionado principalmente pela complexidade das operações e pela crescente implantação de soluções de IoT.

Em resumo, os serviços profissionais desempenham um papel crucial na facilitação da implementação e manutenção bem-sucedidas de sistemas de IoT.

Ao contar com a expertise de provedores de serviços profissionais, as empresas podem garantir uma implementação suave, maximizar o desempenho do sistema e garantir a continuidade das operações em um ambiente altamente dinâmico e tecnologicamente avançado.

Serviços Gerenciados: Garantindo a Excelência Operacional em Sistemas de IoT

Os serviços gerenciados desempenham um papel fundamental no cenário atual dos negócios, uma vez que estão diretamente relacionados à experiência do cliente e à sustentação das posições das empresas no mercado.

Com o avanço da Internet das Coisas Industrial (IIoT), tornou-se cada vez mais desafiador para as empresas concentrarem-se em seus processos de negócios essenciais e ao mesmo tempo oferecerem suporte às funções de IIoT. Portanto, os serviços gerenciados assumem uma importância ainda maior, fornecendo habilidades técnicas necessárias para manter e atualizar o software no ecossistema de IoT.

Os serviços gerenciados abrangem uma ampla gama de atividades, desde a resolução de consultas pré e pós-implantação até a manutenção contínua e aprimoramentos do sistema.

Eles oferecem uma variedade de serviços, incluindo gerenciamento integrado de instalações, consultoria especializada, suporte técnico 24 horas por dia, 7 dias por semana, além de serviços financeiros e contábeis.

Ao optar por serviços gerenciados, as empresas podem contar com uma equipe especializada para lidar com todas as necessidades relacionadas à operação e manutenção do sistema de IIoT.

O crescimento do segmento de serviços gerenciados é impulsionado principalmente pela crescente adoção de serviços gerenciados terceirizados no mercado de IoT.

À medida que mais empresas reconhecem os benefícios de ter um parceiro confiável para gerenciar suas operações de IIoT, a demanda por serviços gerenciados continuará a crescer.

Em resumo, os serviços gerenciados desempenham um papel vital na garantia da excelência operacional em sistemas de IoT.

Ao confiar em provedores de serviços gerenciados, as empresas podem liberar recursos internos, reduzir custos operacionais e garantir a continuidade das operações, permitindo que se concentrem em suas principais competências e no crescimento de seus negócios.

Principais empresas que contratam profissionais para IoT

Com o avanço rápido da tecnologia e a crescente interconectividade de dispositivos, o mercado de trabalho em Internet das Coisas (IoT) tem testemunhado uma demanda significativa por profissionais especializados.

A IoT está transformando indústrias inteiras, desde manufatura e saúde até cidades inteligentes e agricultura. Como resultado, empresas em todo o mundo estão buscando talentos com habilidades técnicas e conhecimentos específicos para impulsionar suas iniciativas de IoT.

Neste contexto, os profissionais qualificados em IoT desempenham um papel crucial na concepção, desenvolvimento, implementação e manutenção de soluções inovadoras que aproveitam o poder da conectividade e da análise de dados.

Principais empresas no Brasil e no mundo que contratam profissionais especializados em IoT:

Brasil:

CPqD
Embratel
V2COM
Stefanini
Intelbras
Huawei
Ericsson
Indra
IBM
Qualcomm

Mundo:

Cisco Systems
IBM
Amazon Web Services (AWS)
Microsoft
Google
Intel
Siemens
Bosch
General Electric (GE)
Schneider Electric

Essas empresas estão constantemente buscando talentos com habilidades em áreas como desenvolvimento de software, análise de dados, segurança cibernética, engenharia de sistemas e IoT, para impulsionar suas iniciativas e projetos relacionados à IoT.

O mercado de trabalho em IoT está em constante evolução, oferecendo oportunidades emocionantes para profissionais que desejam fazer parte da vanguarda da inovação tecnológica.

Desenvolvimento de um projeto IoT básico

Para desenvolver um projeto IoT básico, você pode seguir os seguintes passos:

Passo 1: Definir o objetivo do projeto

O primeiro passo é definir o objetivo do projeto. O que você deseja alcançar com o projeto? Por exemplo, você pode querer criar um sistema de monitoramento de temperatura e umidade em uma sala ou um jardim automatizado.

Passo 2: Escolher os componentes

Depois de definir o objetivo do projeto, você precisa escolher os componentes necessários. Por exemplo, se você deseja criar um sistema de monitoramento de temperatura e umidade, precisará de sensores de temperatura e umidade e um microcontrolador para processar os dados.

Passo 3: Conectar os componentes

Em seguida, você precisa conectar os componentes. Você pode usar um kit de desenvolvimento IoT que já tenha os componentes necessários pré-configurados ou pode montar o sistema peça por peça.

Passo 4: Programar o microcontrolador

Depois de conectar os componentes, você precisa programar o microcontrolador para processar os dados

dos sensores e enviar as informações para a nuvem ou para um aplicativo. Você pode usar uma linguagem de programação como C ou Python para programar o microcontrolador.

Passo 5: Testar e ajustar

Por fim, você deve testar o sistema e ajustar as configurações para garantir que ele esteja funcionando corretamente. Você pode usar um aplicativo de monitoramento para visualizar as informações coletadas pelos sensores e ajustar as configurações do sistema conforme necessário.

Lembre-se de que esse é um projeto básico e que há muitos outros recursos e tecnologias disponíveis para a IoT.

Você pode expandir esse projeto adicionando mais sensores, atuadores e funcionalidades ou conectando-o a outros sistemas IoT para criar uma solução mais complexa.

Projeto prático com IoT

Monitoramento de temperatura e umidade

Um projeto prático de IoT para monitoramento de temperatura e umidade pode ser implementado utilizando os seguintes componentes:

1. Sensor de temperatura e umidade: Para medir a temperatura e umidade do ambiente, pode-se utilizar um sensor como o DHT11 ou o DHT22, que possuem uma boa precisão e são relativamente baratos.

2. Microcontrolador: Para conectar o sensor à internet e enviar os dados para um servidor, pode-se utilizar um microcontrolador como o ESP8266 ou o ESP32, que possuem conectividade Wi-Fi.

3. Servidor: Para armazenar os dados coletados pelo microcontrolador e disponibilizá-los para visualização, pode-se utilizar um servidor web ou nuvem, como o AWS ou o Google Cloud Platform.

4. Interface de usuário: Para visualizar os dados coletados, pode-se utilizar uma aplicação web ou mobile que faça a leitura dos dados armazenados no servidor.

A implementação do projeto envolveria as seguintes etapas:

1. Montagem do circuito: O sensor de temperatura e umidade seria conectado ao microcontrolador, que

por sua vez seria conectado à internet por meio de uma rede Wi-Fi.

2. Programação do microcontrolador: Seria desenvolvido um código que permitisse a leitura dos dados do sensor e o envio desses dados para o servidor.

3. Configuração do servidor: Seria configurado um servidor web ou nuvem para armazenar os dados coletados pelo microcontrolador.

4. Desenvolvimento da interface de usuário: Seria desenvolvida uma aplicação web ou mobile para visualizar os dados coletados pelo sensor de temperatura e umidade.

5. Testes e ajustes: O sistema completo seria testado e ajustado para garantir o correto funcionamento.

Com a implementação deste projeto, seria possível monitorar a temperatura e umidade de um ambiente de forma remota, permitindo tomar decisões baseadas nos dados coletados, como ajustar o ar-condicionado ou o umidificador para manter as condições ideais de temperatura e umidade.

Exemplo de código:

Programação do microcontrolador utilizando a plataforma Arduino e o sensor DHT11 para monitoramento de temperatura e umidade:

```
#include <ESP8266WiFi.h>
#include <ESP8266HTTPClient.h>
#include <ArduinoJson.h>
```

```cpp
#include <DHT.h>

// Define o pino do sensor
#define DHTPIN 2
// Define o tipo do sensor
#define DHTTYPE DHT11

// Define o nome da rede Wi-Fi e a senha
const char* ssid = "nome_da_rede_wifi";
const char* password = "senha_da_rede_wifi";

// Define a URL do servidor que receberá os dados
const char* serverUrl = "http://meu-servidor.com.br/api/dados";

// Inicializa o objeto DHT
DHT dht(DHTPIN, DHTTYPE);

// Inicializa a conexão Wi-Fi
void setup_wifi() {
  delay(10);
  // Conecta na rede Wi-Fi
  Serial.println();
  Serial.print("Conectando na rede ");
  Serial.println(ssid);
  WiFi.begin(ssid, password);
  while (WiFi.status() != WL_CONNECTED) {
    delay(500);
    Serial.print(".");
  }
  Serial.println("");
  Serial.println("Conectado na rede Wi-Fi");
}

void setup() {
  Serial.begin(9600);
  delay(10);

  // Inicializa o sensor DHT
  dht.begin();

  // Inicializa a conexão Wi-Fi
  setup_wifi();
}

void loop() {
  // Realiza a leitura dos dados do sensor
  float temp = dht.readTemperature();
  float umid = dht.readHumidity();

  // Verifica se a leitura foi realizada com sucesso
  if (isnan(temp) || isnan(umid)) {
    Serial.println("Erro ao ler o sensor DHT!");
```

```
  return;
}

// Cria um objeto JSON com os dados lidos
StaticJsonDocument<200> json;
json["temperatura"] = temp;
json["umidade"] = umid;

// Converte o objeto JSON em uma string
String jsonString;
serializeJson(json, jsonString);

// Realiza o envio dos dados para o servidor
HTTPClient http;
http.begin(serverUrl);
http.addHeader("Content-Type", "application/json");
int httpCode = http.POST(jsonString);
if (httpCode > 0) {
  Serial.printf("Dados enviados com sucesso (HTTP status: %d)\n", httpCode);
} else {
  Serial.printf("Erro ao enviar os dados (HTTP status: %d)\n", httpCode);
}
http.end();

// Aguarda 5 minutos antes de realizar uma nova leitura
delay(5 * 60 * 1000);
}
```

Este código realiza a leitura dos dados do sensor de temperatura e umidade DHT11, cria um objeto JSON com os dados lidos e envia esses dados para um servidor através de uma requisição HTTP.

O código também realiza a conexão com uma rede Wi-Fi e aguarda 5 minutos antes de realizar uma nova leitura.
É importante lembrar de substituir as variáveis ssid, password e serverUrl com as informações correspondentes à sua rede Wi-Fi e servidor.

A Internet das Coisas em 2025: Cenário Atual, Tendências e Impactos Reais

Em 2025, a Internet das Coisas (IoT) consolida-se como uma das tecnologias mais estratégicas para a transformação digital da economia e da sociedade. Já não se trata de uma inovação emergente, mas de uma infraestrutura crítica e presente em setores tão diversos quanto energia, saúde, agricultura, logística, indústria e cidades inteligentes. Estima-se que, até o final deste ano, o número de dispositivos IoT conectados ultrapasse 21 bilhões em todo o mundo, uma cifra que representa mais que o triplo da população global. Esse crescimento é impulsionado pela queda nos custos de sensores, pela expansão de redes de conectividade e pela crescente demanda por automação, eficiência e sustentabilidade.

Entre as principais tendências de 2025, destaca-se o avanço das redes privadas 4G/5G, especialmente em setores críticos como mineração, portos e grandes operações logísticas. Essas redes permitem conectividade de alta disponibilidade, baixa latência e segurança reforçada, viabilizando desde veículos autônomos até o monitoramento ambiental em tempo real. Empresas como a Vale e a Petrobras já utilizam redes LTE privadas para operar máquinas pesadas em áreas remotas com maior eficiência e segurança, criando verdadeiros "campi digitais" industriais.

Outro setor em plena transformação é o de energia renovável, que vem integrando soluções IoT para otimizar a produção, distribuição e armazenamento de energia. Embora a taxa de crescimento da IoT nesse segmento gire em torno de 10% a 13% ao ano, seu impacto é profundo: sensores instalados em turbinas eólicas e painéis solares permitem prever falhas, ajustar a produção à demanda e reduzir desperdícios. No Brasil, a Neoenergia utiliza soluções IoT para controlar parques eólicos remotamente, enquanto concessionárias como a CPFL adotam sistemas de smart grid para equilibrar a carga elétrica em tempo real.

A agricultura de precisão também tem se beneficiado da IoT, com a implementação de sensores de umidade do solo, estações meteorológicas conectadas, colheitadeiras com telemetria embarcada e drones para pulverização inteligente. O resultado é uma produção mais sustentável, com menor uso de água, fertilizantes e defensivos. Um exemplo emblemático é o projeto Smart Farm no Mato Grosso, que utiliza essas tecnologias para aumentar a produtividade em até 20%, com menor impacto ambiental.

No contexto urbano, a IoT se torna o coração das chamadas cidades inteligentes, permitindo o controle de semáforos, postes de iluminação, lixeiras, sensores de ruído, qualidade do ar e muito mais. A cidade de Curitiba, por exemplo, está implementando um sistema de iluminação pública inteligente, capaz de ajustar a intensidade luminosa com base na movimentação de pedestres, reduzindo o consumo energético em até 40%. Em Barcelona, mais de 20 mil sensores monitoram o ambiente urbano e contribuem para políticas públicas mais assertivas.

Contudo, com o crescimento da IoT, surgem também novos desafios — e a segurança cibernética é o principal deles. Dispositivos mal protegidos podem se tornar alvos de ataques que comprometem sistemas inteiros, como já ocorreu em hospitais, redes de energia e até cidades. Por isso, 2025 marca também a consolidação de boas práticas como criptografia de ponta a ponta, autenticação forte, atualizações remotas (OTA) e segmentação de rede. O setor de saúde, em especial, vem adotando políticas rígidas de proteção para garantir a privacidade de dados sensíveis e a integridade dos dispositivos médicos conectados.

Tecnologias emergentes também estão impulsionando a nova fase da IoT. O uso de eSIM e iSIM permite a conectividade global de dispositivos sem necessidade de trocas físicas de chip. Além disso, o avanço das redes satelitais NTN (Non-Terrestrial Networks) está expandindo a IoT para áreas rurais, marítimas e florestais onde não há infraestrutura terrestre. Startups como a Astrocast e a Swarm Technologies já oferecem serviços globais de conectividade para rastreamento de ativos, monitoramento ambiental e agricultura remota.

Outro grande salto vem da combinação da IoT com Inteligência Artificial (IA) e computação de borda (edge computing). Em vez de enviar todos os dados para a nuvem, os dispositivos processam parte das informações localmente, ganhando velocidade e eficiência. Essa arquitetura é especialmente útil em aplicações industriais, onde milissegundos fazem diferença. A Caterpillar, por exemplo, utiliza sensores e IA embarcada para detectar padrões de desgaste em escavadeiras e antecipar falhas, reduzindo custos de manutenção e evitando paradas não programadas.

No plano regulatório e tecnológico, 2025 também representa um ponto de virada com o desligamento global das redes 2G e 3G. Países como Austrália, Estados Unidos, Alemanha e Japão já encerraram essas tecnologias. No Brasil, a Anatel estabeleceu o desligamento do 3G até 31 de dezembro de 2025, o que força empresas e integradores a migrarem para soluções compatíveis com 4G, 5G, NB-IoT e LTE-M. Essa transição exige planejamento, mas também abre caminho para redes mais modernas, seguras e preparadas para o futuro.

Por fim, o ecossistema de IoT se fortalece com o crescimento de eventos internacionais. Em 2025, a 15ª Conferência Internacional sobre a Internet das Coisas (IoT 2025), programada para novembro em Viena, será um dos principais fóruns globais de inovação, reunindo empresas, governos, universidades e startups para discutir o futuro da conectividade, sustentabilidade e interoperabilidade de sistemas.

Em síntese, a IoT em 2025 não é apenas uma rede de "coisas", mas uma infraestrutura digital invisível que conecta dados, máquinas, decisões e pessoas. Seu impacto se estende da produção de alimentos à energia limpa, da saúde pública à mobilidade urbana. E para quem está começando a explorar esse universo, este é o momento ideal para aprender, experimentar e construir soluções que façam a diferença — porque o futuro, definitivamente, já está conectado.

Conclusão

O livro "IoT Básico: Uma Introdução à Internet das Coisas" é mais do que um guia técnico — é um convite à compreensão de como o mundo está se transformando por meio da conectividade entre objetos, dados e decisões. Em uma era marcada pela digitalização acelerada, entender os fundamentos da IoT deixou de ser um diferencial e passou a ser uma necessidade para profissionais, estudantes, empreendedores e curiosos em tecnologia.

Ao longo desta obra, foram apresentados os principais conceitos que sustentam a Internet das Coisas, desde a eletrônica básica e sensores até os protocolos de comunicação, infraestrutura de rede e modelos de aplicação. De forma clara e objetiva, o leitor foi conduzido por uma jornada que conecta a teoria à prática, sempre com o olhar voltado para o impacto real da IoT em nossas vidas — seja no controle de dispositivos domésticos, na automação industrial, na agricultura de precisão, na mobilidade urbana ou na saúde conectada.

Também foram abordados com atenção os desafios e responsabilidades associados à IoT, como a segurança cibernética, a privacidade dos dados, a interoperabilidade dos sistemas e a necessidade de um planejamento estratégico para sua adoção. Afinal, mais do que conectar dispositivos, a IoT exige uma nova forma de pensar processos, negócios e relações humanas.

Em um mundo onde tudo está se tornando "inteligente" — casas, cidades, veículos, fábricas e até roupas —, compreender a lógica e os potenciais da Internet das

Coisas é um passo fundamental para participar ativamente dessa nova realidade.

Este livro serve como um primeiro degrau para quem deseja explorar um universo de possibilidades tecnológicas. E a boa notícia é que, na IoT, não há um ponto final: a evolução é constante, os desafios são empolgantes e as oportunidades estão ao alcance de quem estiver preparado para aprender e inovar.
É uma leitura obrigatória para estudantes, profissionais e entusiastas da tecnologia que desejam se familiarizar com as últimas tendências e inovações em IoT.

Glossário da Internet das Coisas (IoT)

IoT (Internet das Coisas)
Sistema de dispositivos físicos conectados à internet que coletam, transmitem e compartilham dados em tempo real.

Sensor
Componente que detecta mudanças físicas no ambiente (como temperatura, umidade, movimento) e converte em dados digitais.

Atuador
Dispositivo que realiza uma ação física em resposta a comandos, como abrir uma válvula ou ligar um motor.

Microcontrolador (MCU)
Pequeno computador usado para controlar dispositivos IoT, como o Arduino ou ESP32.

Microprocessador
Unidade de processamento central usada em dispositivos mais robustos como Raspberry Pi.

Gateway
Dispositivo que conecta sensores e atuadores à internet ou à nuvem, traduzindo protocolos e garantindo comunicação.

Cloud Computing (Computação em Nuvem)
Infraestrutura online usada para armazenar, processar e analisar dados de dispositivos IoT.

Edge Computing (Computação de Borda)

Processamento de dados próximo à fonte (sensor/dispositivo), reduzindo latência e economizando banda.

Fog Computing
Camada intermediária entre borda e nuvem, ideal para aplicações que exigem respostas rápidas em tempo real.

MQTT (Message Queuing Telemetry Transport)
Protocolo leve de comunicação ideal para dispositivos IoT que operam com pouca largura de banda.

CoAP (Constrained Application Protocol)
Protocolo usado em dispositivos com recursos limitados, baseado em UDP.

HTTP (Hypertext Transfer Protocol)
Protocolo comum da web, também usado em dispositivos IoT para troca de dados.

NFC (Near Field Communication)
Tecnologia de comunicação por proximidade, usada em pagamentos por aproximação e controle de acesso.

RFID (Radio Frequency Identification)
Sistema de identificação por radiofrequência, utilizado em rastreamento de produtos e ativos.

LoRaWAN
Rede de baixa potência e longo alcance, ideal para IoT em áreas rurais e remotas.

Sigfox

Tecnologia de comunicação de baixo consumo para dispositivos IoT com envio de pequenos volumes de dados.

NB-IoT (Narrowband IoT)
Padrão de comunicação da IoT via redes celulares com foco em baixo consumo e alta cobertura.

LTE-M (Long Term Evolution for Machines)
Variante da rede LTE para dispositivos IoT móveis ou que exigem maior largura de banda.

5G
Nova geração de redes móveis, com alta velocidade e baixa latência, ideal para aplicações IoT críticas.

IPv6
Protocolo de endereçamento da internet que permite bilhões de dispositivos IoT únicos.

MAC Address
Identificador único atribuído a dispositivos de rede.

OTA (Over-The-Air Update)
Atualização remota de firmware ou software de dispositivos IoT, sem necessidade de intervenção física.

Twin Digital (Gêmeo Digital)
Representação virtual de um dispositivo físico, usada para monitoramento, simulação e diagnóstico remoto.

Interoperabilidade
Capacidade de diferentes sistemas e dispositivos IoT se comunicarem entre si de forma eficiente.

Wearable
Dispositivos vestíveis com conectividade, como relógios inteligentes ou pulseiras de saúde.

Smart Home
Casa equipada com dispositivos IoT que podem ser monitorados e controlados remotamente.

Smart City (Cidade Inteligente)
Cidade que utiliza sensores e IoT para gerenciar infraestrutura urbana de forma eficiente.

Agricultura de Precisão
Uso de sensores e IoT para otimizar o uso de recursos agrícolas, como água e fertilizantes.

Smart Grid
Rede elétrica inteligente que usa sensores e IoT para equilibrar oferta e demanda de energia.

Beacon
Dispositivo Bluetooth de baixa energia que envia sinais para smartphones próximos.

Geofencing
Técnica de delimitação geográfica virtual que ativa ações automáticas ao entrar ou sair de uma área.

Dashboard
Painel de controle visual para monitorar dados e métricas de dispositivos IoT.

Big Data
Conjunto massivo de dados gerados por dispositivos IoT, que exige ferramentas avançadas para análise.

Analytics
Processamento e interpretação dos dados coletados para gerar insights e tomar decisões.

Machine Learning (Aprendizado de Máquina)
Técnica de IA que permite que sistemas aprendam com os dados para prever comportamentos ou otimizar ações.

Latency (Latência)
Tempo entre o envio e o recebimento de um dado. Crucial em aplicações IoT em tempo real.

Throughput
Capacidade de transmissão de dados de uma rede ou sistema IoT.

Data Lake
Repositório centralizado para armazenar grandes volumes de dados brutos de dispositivos IoT.

Cybersecurity (Cibersegurança)
Conjunto de práticas para proteger sistemas IoT contra ataques, invasões e vazamento de dados.

Privacidade de Dados
Proteção das informações pessoais coletadas por dispositivos conectados.

Retrofitting
Adaptação de equipamentos antigos com sensores IoT para modernização sem troca completa do sistema.

Uplink / Downlink

Termos que indicam o envio (uplink) ou recebimento (downlink) de dados entre dispositivos e nuvem.

Protocolo
Conjunto de regras que define como os dados são transmitidos entre dispositivos em uma rede IoT.

Hubs
Equipamentos que centralizam a comunicação entre múltiplos dispositivos dentro de uma rede IoT doméstica ou corporativa.

Plataforma IoT
Ambiente que integra hardware, software, conectividade e análise de dados em uma única solução.

www.ingramcontent.com/pod-product-compliance
Lightning Source LLC
Chambersburg PA
CBHW070550220526
45467CB00003B/1147